MES NOUVELLES HISTOIRES D'ANIMAUX

DU MÊME AUTEUR

JACQUES TRÉMOLIN

MES NOUVELLES HISTOIRES D'ANIMAUX

BERNARD GRASSET

PARIS

Préface

« Pourquoi tu nous parles jamais des anguilles ?
et puis des couleuvres ? et puis des... » Toute
l'Arche de Noé y passe. Chacune de vos lettres
— il y en a des milliers — me réclame l'histoire d'un
animal, ou des détails sur une bête dont je n'ai rien
dit encore. On dirait que vous — vous, les enfants
— savez ce que les grandes personnes ont mis des
siècles à découvrir : que tout ce qui vit, que ça
marche, que ça nage, que ça vole, que ça rampe ou
que ça fasse Dieu sait quoi, a son existence à soi,
des façons de faire qui valent la peine d'en parler.
Vous avez raison, d'ailleurs, et les savants commencent à s'en apercevoir : plus ils regardent les petites
bêtes dans leurs microscopes, plus ils se demandent
ce qu'elles peuvent bien fabriquer. Vous voulez un
exemple : ils ont mis vingt ans à comprendre
pourquoi la douve du bœuf — un tout petit animal
— a besoin de passer quelque temps dans le foie
d'un escargot, puis dans la tête d'une fourmi, pour
finir par retrouver son bœuf. Pour expliquer les

raisons qui obligent la bouvière — c'est un poisson de nos rivières — à pondre dans une moule, il leur a suffi de cinq années. Mais, quand il s'est agi de savoir où va l'anguille de nos fleuves, quand elle rejoint l'Océan, ça, ils n'y sont pas encore arrivés, ni pourquoi certain pluvier revient tous les ans, à la même date — même les années bissextiles ! — en Nouvelle-Zélande, après être allé faire un tour du côté de l'Alaska. Regardez sur une carte vous tâcherez de calculer combien de kilomètres il a fait, sans le plus petit point de repère. C'est tout cela que je vous raconte. Des histoires vraies, celles de l'univers des bêtes, plus varié, plus changeant que celui des galaxies. Car, chez les bêtes, rien n'est jamais pareil.

De quelle race étaient le bœuf et l'âne de la crèche ?

Si on commençait par une histoire de Noël ? Pas un conte : une histoire vraie… Il s'agit de la crèche. Vous en avez vu, des crèches, vous en avez construites : il y a toujours un bœuf et un âne autour du berceau du Petit Jésus. Ils le réchauffent de leur haleine, dit-on.

C'est normal : Jésus est né dans une étable, au bord de la route. On peut très bien admettre qu'un paysan de l'endroit, propriétaire de cette étable, y mettait son bœuf et son âne pendant la nuit. Un paysan pauvre sinon il aurait eu une paire de bœufs mais — vous l'avez vu sur des photos — on attelle encore, pour labourer, là-bas, un bœuf et un âne, ou un chameau et un âne ensemble, quand on n'a pas de quoi se payer un tracteur.

On a donc raison de placer ces deux braves bêtes

autour du Berceau. Mais de quelle race étaient-elles ? C'est important, puisque les crèches que nous construisons doivent représenter la vraie le plus exactement possible.

Faut-il y mettre un gros bœuf blanc du Charolais ? Un grand bœuf rouge de Salers ? Un frison blanc et noir, un normand blanc et rouge ou un petit bouvillon noir de la race landaise ?

Même problème pour l'âne : certains sont très grands, très clairs, d'autres moyens, et il y a les petits ânes bourrus. Laquelle choisir, dans toutes ces races ? C'est la question que je m'étais posée.

Naturellement, j'ai consulté les Évangiles, puisque c'est là qu'on parle de la crèche. Déception : ni saint Jean ni saint Luc, pas plus que saint Marc ou saint Matthieu, ne parlent de ce bœuf ni de cet âne...

La Tradition, alors ? On appelle ainsi une série d'anecdotes sur la vie du Christ qui ne figurent pas dans les Évangiles mais qu'on se transmettait, de bouche à oreille, dans les premiers temps du christianisme. Sans être certaines, elles sont vraisemblables. Re-déception : la Tradition ne dit rien à ce sujet.

Un peu ennuyé, j'ai compulsé un tas de bouquins pour savoir quels bœufs et quels ânes vivaient autour de Bethléem, il y a mille neuf cent soixante-dix-huit ans. Ça m'aurait donné une indication. J'ai trouvé une espèce de bœufs, tout maigres, à robe sombre et grandes cornes, et deux races d'ânes : de grands, presque blancs, animaux de parade, de luxe, que les gens riches montaient pour voyager, et d'autres, tout petits, presque noirs, à gros poils drus, qui portaient d'énormes paquets. Décider moi-même que le bœuf et l'âne de la crèche appartenaient à ces espèces, c'était facile mais pas sérieux du tout. Or je veux vous raconter une histoire vraie.

Bon ! me suis-je dit, je n'ai qu'à découvrir quel bœuf et quel âne les premiers chrétiens mettaient dans leurs crèches. Ils devaient savoir, eux... J'ai donc cherché les crèches les plus anciennes... et découvert la vérité !

Car la première crèche de l'histoire a été construite en 1224, par saint François d'Assise, et ceux qui vivaient avec lui ont raconté comment.

Il était bien las, François, en décembre de cette année-là. Depuis sa jeunesse, ayant abandonné ses riches parents, des commerçants d'Assise, il allait par les chemins, prêchant l'amour et la pauvreté. Et voilà qu'il avait dû passer deux mois à Rome, parmi les cardinaux hautains qui méprisaient un peu ce guenilleux, dans les palais romains où ses loques faisaient mauvais effet. Tout cela pour obtenir qu'on accepte les règles de l'Ordre qu'il venait de fonder, l'ordre des Franciscains qui existe encore. Ç'avait été très difficile, car une de ces règles obligeait les franciscains à rester pauvres, à donner tout ce qu'ils possédaient. A l'époque, cela choquait et François avait dû intriguer, solliciter, négocier, pour obtenir que Rome acceptât cette règle. Enfin, c'était fait ! Mais il n'en pouvait plus.

— Nous irons passer Noël à Greccio, dit-il à frère Léon, qui l'accompagnait partout depuis des années.

Greccio, au fond des Abruzzes, des montagnes très rudes, c'était une vallée perdue, avec, au fond, une cabane en bois construite près d'une grotte. Un coin sinistre, surtout en hiver. Loin de tout, avec du vent, du froid, de la neige. Un refuge où François et ses fidèles s'étaient retirés plusieurs fois pour prier, entre leurs interminables marches à travers l'Italie. Pour être seuls avec leur prière, alors que partout des foules les suivaient, écoutant ce saint qui ne parlait que d'amour et s'adressait aux pauvres gens.

Les voilà partis, priant et chantant sur la route enneigée, car François chantait souvent. Quand ils traversaient un village, les gens se levaient pour les suivre un bout de chemin. Quand ils sont arrivés dans la montagne, au matin du 24 décembre, les paysans sortirent silencieusement de leurs maisons, marchant derrière le saint qu'ils aimaient. Et ils ont cheminé, pateaugeant dans la boue, glissant sur les plaques de neige, jusqu'à Greccio. La cabane était bien là, toute petite, en rondins, couverte de paille, et derrière elle la grotte s'ouvrait, noire, au flanc de la montagne.

Les paysans, n'osant s'approcher, étaient restés un peu plus haut, sur la colline. Ils avaient allumé de petits feux pour se réchauffer. Ils attendaient : François allait certainement prêcher, puisque c'était Noël, et ils voulaient l'entendre. Lui, il était entré dans la cabane avec frère Léon — qui a tout raconté plus tard — et trois autres de ses compagnons.

— Attendez-moi ici, leur dit-il. Je reviendrai ce soir.

Il est reparti, tout seul, vers la plaine. Là, on ne sait pas bien ce qu'a fait saint François d'Assise, puisque personne ne l'accompagnait. A-t-il trouvé un berceau vide dans quelque baraque en ruine ou une paysanne lui a-t-elle donné le sien parce qu'elle n'en avait plus besoin ? Est-il allé chercher un bœuf et un âne dans leurs étables ou ces animaux l'ont-ils suivi volontairement ? Car même les bêtes aimaient ce saint, qui parlait avec les oiseaux. On ne sait pas...

Mais, ce qu'on sait bien, c'est que, vers dix heures du soir, il est revenu au Greccio, portant sous son bras un de ces berceaux d'osier qu'on appelle des « moïses », un bœuf et un âne sur ses talons. Les paysans se sont approchés, intimidés, les frères sont sortis de la cabane et François a mené tout son monde vers la grotte. Il a posé le berceau vide par terre, mis le bœuf à droite, l'âne à gauche.

— Nous fêterons Noël ici, dit-il. A minuit, où Jésus est né. Et maintenant prions...

Ils chantèrent, car pour François, toute prière était chanson. Quand minuit s'approcha, il commença de dire la messe. La première messe de minuit qu'un homme ait jamais célébrée, devant la première Crèche de l'histoire car personne n'en avait jamais fait, avant.

A minuit juste, ce fut le miracle que tant de tableaux représentent : un instant, dans le berceau vide, l'Enfant Jésus est apparu. Le bœuf et l'âne qui l'entouraient penchèrent leur grosse tête pour mieux voir et soufflèrent doucement afin qu'il n'ait pas froid. François devait mourir deux ans plus tard.

Mais nous savons maintenant qui étaient ce bœuf et cet âne : des bêtes qu'on élevait là-bas, en 1224, quand on était paysan pauvre. Pour l'âne, pas de problème : ce ne pouvait être qu'un bourricot brun, de ceux qui, venant d'Afrique du Nord, arrivèrent en Italie, où on en trouve encore des milliers. Les gens du Greccio ne pouvaient pas s'offrir un grand âne de cérémonie, comme les archevêques ou les bourgeois. Qu'en auraient-ils fait ? Pour le bœuf, frère Léon nous avait laissé une indication, quand il a raconté l'histoire. Une indication vraie, puisque les très anciens tableaux, qui représentent le miracle, en ont tenu compte.

« Le bœuf, écrit-il, était blond avec des naseaux roses... »

Il avait forcément raison : on voit encore, dans les Abruzzes, des bœufs et des vaches couleur de blé, avec des naseaux roses. C'est une très vieille race, qu'on retrouve en France où nous l'appelons « garonnaise » parce qu'on l'élève aux bords de la Garonne.

J'avais enfin trouvé la vérité ! Je savais la race du bœuf et de l'âne de la Crèche : un bourricot d'Afrique du Nord, un bœuf des Abruzzes et vous savez maintenant quels animaux choisir, chez le marchand, quand vous construirez votre crèche...

Pourtant (il faut être sérieux, quand on parle des bêtes), j'ai eu une petite objection zoologique. Pourquoi un bœuf, et pas une vache ? Le geste de se pencher vers un bébé nouveau-né et de le réchauffer en soufflant dessus est plus naturel chez la vache : elle le fait quand son veau vient de naître. Mais mon objection ne vaut rien : François n'aurait jamais emmené une vache car il savait bien que le paysan voudrait la traire, le soir. Tandis qu'un bœuf, en hiver où on ne peut pas travailler la terre, ça ne sert à rien.

J'ose à peine vous raconter la fin de l'histoire. L'autre année, pour vérifier sur place ce que j'avais appris dans les livres, je suis allé au Greccio, fin décembre. La cabane était toujours là, et la grotte, et la neige dans le vallon sinistre. Mais croyez-moi si vous voulez, j'ai bien cru voir, pendant que je marchais dans la forêt, un bœuf fantôme et un âne transparent qui montaient parmi les arbres, vers le Greccio...

Le charme discret de la pieuvre

Quand on prononce le mot « pieuvre », vous sursautez : cette affreuse bête, avec ses grands bras gluants, vous fait peur. Vous vous figurez que, si vous en rencontrez une, elle vous étouffera. D'autant plus que vous avez lu, dans *Vingt Mille Lieues sous les mers*, l'effroyable combat du capitaine Nemo, de Ned Land et des autres habitants du *Nautilus* contre la pieuvre gigantesque. Et les grandes personnes, quand vous leur raconterez cette histoire, vous diront que Victor Hugo en a raconté une autre plus terrifiante encore, quand il a décrit la bataille de Giliath contre une pieuvre phénoménale.

Fariboles que tout cela ! Pourtant, ces pieuvres géantes existent. On n'en a jamais vu mais on sait qu'il y en a, très profond dans les mers. On a trouvé, sur des cachalots capturés, des cicatrices d'énormes blessures qui ne pouvaient avoir été faites que par le bec d'une pieuvre immense, avec qui le cachalot s'était battu. Dans l'estomac d'autres cachalots, on a découvert des morceaux de tentacules (ce sont les huit bras de la pieuvre) si grands, si gros, qu'en calculant un peu, on pouvait affirmer que leur propriétaire avait des bras de vingt mètres. Comme le cachalot plonge au moins à 1 335 mètres (on le sait parce qu'on en a trouvé un à cette profondeur, entortillé dans un câble sous-marin) on en a conclu que ces pieuvres fantastiques vivaient là-bas.

Ce qui est assez rassurant. Celles de Méditerranée n'ont que trois mètres de tentacules, et celles du Pacifique dix mètres. On le sait par une jolie américaine qui est leur meilleure amie et, fervente de plongée sous-marine à Seatle, un port des U.S.A., va jouer avec en pleine mer.

Vous ne croiserez pas de tels monstres, du côté de Sète, mais de braves petites pieuvres qui, vous voyant, fileront à toute allure en marche arrière. Car la pieuvre a inventé le sous-marin à réaction : un petit tuyau, qu'elle porte à l'avant, projette très violemment un jet d'eau et pffft ! elle disparaît, souvent en lâchant un nuage d'encre pour qu'on ne la voie plus.

Autre particularité curieuse : elle change de couleur mieux que le caméléon. Mettez une pieuvre sur un tapis blanc, elle deviendra blanche. Sur un tapis blanc à raies sombres, elle sera blanche rayée de noir et, si vous la posez sur un damier, elle se couvrira de carreaux blancs et noirs. Tout cela parce que sa peau porte des « chromatophores », très compliqués, qui adoptent automatiquement la couleur de ce qui les entoure.

C'est très commode pour la pieuvre : elle est, toujours, exactement colorée comme l'endroit où elle se trouve. Ainsi, on ne la voit pas.

Mais elle peut aussi changer de couleur pour des raisons personnelles : faites peur à une pieuvre, elle pâlit Mettez-la en colère, elle rougit... Il y avait là de quoi intéresser les chercheurs. Quand ils y sont allés voir, ils ont découvert d'autres merveilles.

D'abord sur la vie personnelle des pieuvres. C'est un animal solitaire, sauf au moment de ses amours on en trouve des milliers, réunies au même endroit. Solitaire et aimant son chez-soi. La pieuvre s'installe en général dans une grotte très basse, bien à sa taille, qu'au besoin elle aménage en la débarrassant, avec les ventouses de ses tentacules, de tout ce qui pourrait la déranger. Là, immobile, elle attend le passage de ses proies, les petits poissons, les crabes, les langoustes dont elle raffole. Sitôt aperçu son gibier, un long bras se déroule, le prend avec ses ventouses et l'apporte au bec.

Cette chasse a révélé l'étonnante intelligence de la pieuvre : on en a vu une, qui, apercevant un crabe trop loin d'elle pour qu'elle l'attrape, l'attirait en étendant un de ses bras et en l'agitant doucement devant le crabe. Comme ce bout de tentacule porte une petite ventouse blanche, l'autre, croyant que c'était quelque chose à manger, s'est rapproché et s'est laissé prendre. Il faut tout de même un peu de réflexion pour imaginer ce procédé.

Les amis de Cousteau ont vu bien plus curieux. L'un d'eux était devenu l'ami d'une pieuvre, en Méditerranée. Il lui apportait des crabes, des langoustes et sa copine les mangeait. Si bien qu'elle a fini par ne plus avoir peur de lui (de lui seul, qu'elle distinguait parfaitement des autres plongeurs de l'équipe) et se laissait approcher sans pâlir.

Un jour, cet homme a donné à sa pieuvre une langouste enfermée dans un bocal de verre, donc transparent, bouché d'un gros bouchon de liège. La pieuvre a pris le bocal avec un tentacule, elle l'a longuement regardé, et puis un autre tentacule s'est déroulé, a débouché le bocal, et pris la langouste à l'intérieur ! Bien peu d'animaux, même chez les singes, sont capables de faire cela.

Revenons au domicile-affût de la pieuvre. Elle y passe des heures à attendre. Mais, d'abord, elle a fait un drôle de travail ; tranquillement, pièce après pièce, Madame la pieuvre a aligné, devant sa grotte, un mur d'objets hétéroclites. Des bouteilles, de vieux souliers, des bouts de pneu, parfois de vieilles amphores découvertes dans la carcasse d'une trière grecque coulée depuis deux mille ans, tous ces objets invraisemblables qu'on avait jetés dans la mer siècle après siècle.

A quoi peut servir ce mur ? On ne peut tout de même pas imaginer que la pieuvre a apporté tout cela parce que ces objets l'intéressaient et qu'elle voulait les examiner tout à loisir. Ce mur est sans doute une frontière, une façon de dire aux autres pieuvres que cette grotte-là est occupée. Mais pourquoi ne pas le construire, tout simplement, en cailloux ? Peut-être s'agit-il d'un appât. La pieuvre est curieuse, elle sait ou suppose que les crabes et les poissons le sont aussi. Elle les appâterait en disposant, devant son chez-elle, des choses étranges qui les attireront...

Il a fallu des mois d'observations pour arriver à

savoir tout cela. La conclusion, qu'on retrouve chez tous les gens qui ont étudié la pieuvre, est toujours la même : c'est un animal prodigieusement intelligent, pas méchant pour un sou à condition qu'on ne l'ennuie pas, et qui s'attache à l'homme, si celui-ci sait se conduire avec elle. Tous parlent de ses « beaux yeux graves » (sic), disent que rien n'est plus beau qu'une pieuvre descendant vers le fond, tentacules flottant autour, comme une feuille morte qui rejoint la terre.

Au début, les compagnons de Cousteau avaient trouvé un truc que je vous signale à tout hasard : pour rendre, à l'air libre, une pieuvre parfaitement inoffensive, il suffit de la mettre sur le dos.

Car elle peut rester assez longtemps à l'air libre. Ce qui a amené une curieuse aventure à un des plongeurs de Cousteau. Devenu l'ami d'une pieuvre, il l'avait ramenée chez lui, placée dans un grand aquarium recouvert d'un lourd plateau pour qu'elle n'en sorte pas. Il s'en va, revient, et trouve le plateau par terre (ce qui prouve la force des tentacules) et sa pieuvre grimpée dans les rayons de sa bibliothèque dont soigneusement, avec les ventouses de ses bras, elle retirait les livres pour les poser sur le plancher... Pour les lire ? Je ne crois pas. Peut-être jouait-elle. A moins que cette pieuvre se soit dit que ces drôles de choses — les livres — feraient un mur de clôture très acceptable, pour le devant de sa grotte...

Réunissez tout cela, vous arrivez à cette conclusion surprenante : la terrible pieuvre qui vous fait si peur, peut parfaitement devenir un animal domestique et rien n'empêche de supposer, si la plongée

sous-marine continue de se développer, que bien
des plongeurs auront, dans quelques années, leur
amie-pieuvre personnelle au fond de l'eau...

Comment est né le pur-sang

Le pur-sang est probablement l'animal que vous voyez le plus souvent à la télé... Chaque soir, la galopade de l'arrivée, avant le tableau des « rapports ». S'il s'agit d'un Grand Prix, on a droit à toute la course, avec d'émouvants commentaires. Mais pourquoi l'appelle-ton « pur-sang » ? Les autres chevaux seraient-ils de « sang impur »...? C'est toute une histoire.

Une histoire qui a commencé il y a un peu plus de deux cents ans, parce que les rois avaient l'habitude de se faire des cadeaux. Celui du Maroc, pour faire plaisir au nôtre, qui était Louis XV, lui envoya un étalon. Un étalon arabe, naturellement. Un superbe petit animal, beau comme un cheval de Dieu et noir comme le diable dont il avait d'ailleurs le caractère. Car les chevaux arabes sont les plus splendides du monde, mais plutôt malcommodes... Un proverbe dit, là-bas, que « si tu veux te débarrasser de ton ennemi, fais-lui cadeau d'un étalon ». Une fois bien dressés, ils deviennent charmants, mais celui-là ne l'était guère. D'où son arrivée orageuse dans les écuries de Sa Majesté le roi de France, où il commença par tout casser.

Quand enfin on eut rangé ce démon dans son box, on le regarda et les écuyers s'étonnèrent : comme il était petit, ce cheval !

Car (regardez les tableaux de cette époque) on montait alors d'énormes canassons. Ce qui se comprend. Il n'y avait pas si longtemps, les chevaliers combattaient en armure. Il fallait des percherons pour les porter et galoper sous eux. Armures devenues simples cuirasses, les chevaux de la cavalerie de Louis XV étaient un peu plus légers, mais tout de même de puissants personnages, avec des jambes comme des arbres, une croupe bien large, et une très lourde encolure.

Que vouliez-vous faire d'un cheval moitié moins gros que les autres, au surplus indomptable ? On le laissa dans son écurie et, quelques mois plus tard, on le vendit. Celui qui l'avait acheté était un tonnelier, qui allait par les rues de Paris, dans un tonneau monté sur deux roues que son cheval tirait, en criant « On raccommode les tonneaux ! » pour attirer la clientèle. Il attela donc le petit étalon noir à son tonneau et s'en fut par la ville.

Mais tirer un tonneau ne plaisait pas du tout à ce cheval arabe habitué à galoper dans le désert. Il protestait à sa manière, ruait comme un sauvage, cassait tout et son nouveau maître, un brutal, le corrigeait à coups de bâton. L'autre ruait de plus en plus, se déchaînait, et les gens s'attroupaient pour voir cet homme se battre avec son cheval.

C'est alors, dans un de ces attroupements, qu'arriva un Anglais, ami de lord Godolphin, lequel possédait, là-bas dans son Angleterre, un haras où il élevait des chevaux de courses. Car les Britanniques faisaient courir depuis longtemps, à Newmarket et à Epsom, alors que nous n'avions pas un seul champ de courses. L'Anglais, qui s'y connaissait en chevaux, voit ce magnifique animal en train de se faire rosser, s'indigne, sort quelques écus de sa poche, les donne au tonnelier brutal et s'en va, tenant le petit cheval par la figure après l'avoir calmé en quelques caresses. Car les chevaux arabes ont mauvais caractère, mais ils sont très sensibles à l'amitié humaine.

Finalement, notre Anglais envoie le petit étalon à lord Godolphin, en lui écrivant qu'il a trouvé un cheval comme on n'en avait jamais vu.

L'étalon arrive chez lord Godolphin, et tout recommence comme chez Louis XV : que pourrait-on faire de ce petit cheval, dans un haras où on élevait des animaux de 800 kilos ? C'était ridicule... Et on en fit un « boute-en-train »...

Le boute-en-train, dans un haras, c'est le cheval mâle qui vérifie si la jument qu'on va mener à l'étalon, pour qu'elle ait un poulain, est bien en état d'être fécondée. On le fait s'approcher d'elle, il sent, à son odeur, si c'est le cas, et puis on le ramène à l'écurie, pendant que la jument est conduite chez l'étalon. Vous pensez bien que ce métier-là ne plaisait pas du tout à notre petit cheval arabe...

Or un jour, voilà qu'on lui présente une jument d'une grande beauté, nommée Roxana, qui vraiment lui plaisait beaucoup. Il se met tout à fait en colère, casse tout, renverse les palefreniers et s'en va avec Roxana. On leur court après : impossible de les rattraper. Ils ont passé huit jours ensemble, libres, heureux, dans les landes désertes qui entouraient le haras. Et, quand enfin on les récupérera il fallut bien se rendre à l'évidence : Roxana attendait un poulain...

Voilà les palefreniers bien ennuyés : comment avouer l'aventure à lord Godolphin ? On cacha Roxana dans un coin des écuries et on attendit la naissance, en se demandant à quoi pourrait ressembler un poulain né de cette grosse dame et de ce petit bonhomme.

C'était pire que ce qu'on attendait : un poulain grotesque, maigre, avec un long cou, une grosse tête, et des jambes si faibles qu'on se demandait comment il tenait debout. Une espèce de monstre, pour ces gens habitués aux poulains rondouillards, bien campés dès leur naissance sur de solides petites jambes. On en eut honte, on le baptisa Horus, et les palefreniers élevèrent le pauvre Horus en secret car ils n'osaient pas le montrer à leur maître.

Horus grandissait donc, dans le coin de pré où on l'avait installé et, à deux ans, il commençait à devenir très beau. Les palefreniers s'étonnaient de voir leur misérable poulain se transformer ainsi. Mais comme ses jambes étaient fines ! Jamais il ne pourrait galoper avec un homme sur son dos ! Il galopait pourtant, tout seul, et les palefreniers s'étonnaient de plus en plus : ce jeune cheval semblait vraiment aller très vite...

On le dresse, il se laisse faire. On le monte en choisissant des cavaliers pas trop lourds, et là on s'emmiracle. Ce damné Horus galopait de façon extraordinaire : une foulée longue, aérienne. Il semblait flotter en l'air et en tout cas filait à toute allure. Par-dessus le marché, il semblait aimer ça ! Pas besoin d'éperon ni de cravache, ce cheval étonnant démarrait comme un boulet de canon et tout se passait comme s'il avait envie de galoper de plus en plus vite, d'améliorer ses temps, comme nous dirions aujourd'hui.

Alors les palefreniers se sont interrogés : si on l'engageait dans une course, sans le dire à lord Godolphin, bien sûr, puisqu'on lui avait caché sa naissance ? On l'inscrivit dans une petite course pour chevaux de trois ans — des débutants — à Newmarket.

Jamais les tribunes d'un hippodrome n'ont tant ri que ce jour-là, en voyant arriver Horus. Il disparaissait littéralement entre les gros chevaux qui l'entouraient. Et ces jambes ! Il allait se casser en galopant ! Pas de doute, le vent allait le renverser... On criait, on se moquait de ce petit cheval maigrichon qui s'effondrerait, c'est certain, si les autres le bousculaient un peu. Songez que les chevaux de courses étaient si lourds, à cette époque, que les voisins des hippodromes se plaignaient du bruit de tonnerre que faisaient leurs sabots, quand ils galopaient à plusieurs...

Les rieurs n'ont pas ri longtemps. Le starter donne le coup de pistolet du départ, Horus fonce, il a trois longueurs d'avance, puis cinq, puis dix, il accélère encore, il vole, il arrive au poteau d'arrivée avant que les autres, les gros chevaux, aient commencé à prendre leur vitesse. Il avait gagné avant que leurs jockeys aient compris ce qui se passait. Le premier cheval de pur-sang venait d'enlever sa première course.

C'est ainsi qu'est né le pur-sang : du croisement d'un étalon arabe avec une grosse dame-jument britannique... Car les Anglais, qui sont très intelligents quand il s'agit de chevaux, ont tout de suite compris que ce mariage-là donnerait des animaux merveilleux, supérieurs à tous les autres.

Ils ont fait venir quelques autres étalons arabes, dont on connaît les noms : Darley Arabian, Beverley Turk, par exemple, ils ont sélectionné vingt-sept juments des écuries de leur roi, ils les ont mariés, et tous les pur-sang que vous voyez aujourd'hui descendent de ces étalons et de ces vingt-sept « Royal Mares ». De temps en temps, pour régénérer l'hérédité, ils ont fait venir d'autres étalons arabes et, depuis, la race des pur-sang (on doit dire « pur-sang anglais ») règne sur les hippodromes.

Règne si absolument qu'à la fin les éleveurs français (nous nous étions mis à faire courir, nous aussi) en ont eu assez de voir leurs chevaux toujours battus par ces maudits pur-sang anglais. Ils en ont acheté, ils ont acheté aussi des juments, ils ont élevé leurs poulains, et quand, pour la première fois, un de nos chevaux a gagné une course en Angleterre, l'enthousiasme populaire a été tel que la foule attendait son propriétaire à la gare Saint-Lazare, qu'on a dételé son fiacre et que les Parisiens l'ont tiré en triomphe jusqu'au Jockey-Club, dont cet éleveur faisait partie, et dont les membres avaient été les promoteurs de l'élevage du pur-sang en France.

Car le pur-sang, personnage délicat, ne peut pas être élevé n'importe où : il lui faut une certaine herbe, un certain climat, pour développer ses muscles, et des soins particuliers que seuls de vrais professionnels peuvent lui donner. Quelques régions existent, en France, qui conviennent à son élevage. La Normandie surtout, autour du Merlerault et du haras du Pin, capitale absolue du pur-sang.

Vous reconnaîtrez facilement ces coins-là : les prés y sont entourés de barrières blanches. Pourquoi ? Pour que les jeunes chevaux, quand ils font la course entre eux sans que personne le leur demande, voient ces barrières et ne se cassent pas la figure en galopant.

Tâchez de visiter un de ces élevages, ça en vaut la peine. Mais surtout ne dites pas de bêtise. Un pur-sang n'a pas de poulain, mais un « foal ». Plus tard, il devient « yearling ». Alors on le vend aux enchères, à Deauville, et il passe chez un entraîneur qui lui apprendra son métier. On l'engagera dans une première course de « trois ans » et il poursuivra sa carrière tant qu'il sera capable de gagner. Mais si, à quatre et cinq ans, il a triomphé dans des courses importantes, on le ramènera au haras où, devenu « pacha » il servira de reproducteur, et ses « foals » donneront des « yearlings » qui se vendront très cher parce que le fils d'un grand vainqueur doit avoir les qualités de son père et gagner à son tour.

Naturellement, il est « inscrit » dans les livres où sont notés tous les noms des pur-sang, dont on connaît ainsi les parents les grands et arrière-grands-parents, etc., depuis les fameux mariages entre cinq étalons arabes et vingt-sept juments anglaises. Si bien qu'on a fini par savoir que les descendants de Godolphin (car le petit étalon noir dont je vous ai raconté l'histoire avait pris le nom de son maître) ont telles qualités, que ceux de Darley

Arabran sont d'excellents « finisseurs » tandis que ceux de Beverley Turk sont des « chevaux de train » etc.

Mais toutes les vertus d'un pur-sang ne dépendent pas de son hérédité. Il faut aussi qu'on l'ait élevé comme il faut, pas seulement en lui donnant une bonne nourriture et bons soins : Il faut aussi surveiller son équilibre nerveux, terriblement délicat. Voilà un exemple qui vous montrera quelle finesse, et quelle tendresse, il faut y mettre.

Il y a un moment dramatique, dans la vie d'un foal de pur-sang : c'est celui où on le sépare de sa mère parce que, maintenant, il doit brouter l'herbe au lieu de téter. Ce « sevrage », le rend malade, il fait de la fièvre, il a de la diarrhée, il est tout triste. Certains ne se remettent pas de ce choc.

Cela a duré ainsi jusqu'à ce qu'une éleveuse française, dont le haras est naturellement tout près du Merlerault, ait eu une idée géniale :

— Mes foals tombent malades au moment du sevrage, pour des raisons psychiques, s'est-elle dit. En fait, ils font une dépression nerveuse parce qu'ils sont seuls, après avoir vécu avec leur maman-poulinière. Si je les mettais ensemble ?

Elle a réuni, dans le même pré, tous ses foals qu'on venait de sevrer, ils ont galopé ensemble, ils ne sont plus tombés malades. Ce qui prouve que, chez ces merveilleux pur-sang, tout se passe dans le cœur. Voulez-vous un autre exemple ?

Vous avez entendu parler d'Allez France, cette jument qui gagnait tout ? Jeune, elle montrait déjà d'immenses qualités, mais elle était un peu folle, fantaisiste, avec ses humeurs, ses lubies. Cela inquiétait son éleveur car un cheval, en course, doit être discipliné, sérieux, sinon il perd. L'éleveur se dit que, pour calmer les nerfs d'Allez France, il faut lui donner une compagne. On met une autre jument dans son box, elles deviennent amies. Allez France s'apaise et, quand on l'engage dans sa première course de trois ans, elle gagne, comme elle devait toujours gagner ensuite.

Seulement, manque de chance, son amie-jument ne gagnait rien du tout... Élever deux chevaux pour en faire courir un seul, c'est cher... On a trouvé une autre solution : on a donné un chien à Allez France. Un petit bonhomme de fox-terrier qui vivait dans son box, l'accompagnait au pré, voyageait avec la jument dans le van, le gros camion qui l'amenait aux champs de courses, et qu'elle retrouvait après avoir gagné une fois de plus . Que se passait-il entre Allez France et son chien ? Que se disaient-ils ? On n'en sait rien mais ce qu'on sait bien, c'est que, dès qu'on séparait la jument de son fox, elle ne faisait plus rien de bon.

Pourquoi le pur-sang a-t-il tellement besoin qu'on l'aime ? Ce serait long à expliquer. Mais je crois que tous les animaux éprouvent ce besoin-là, les animaux domestiques surtout. Être aimés est nécessaire à leur équilibre. On s'en est aperçu avec les pur-sang parce que cet équilibre leur permet de gagner des courses, mais je suis sûr que, si on y regardait de plus près, on s'apercevrait que toutes les bêtes qui vivent avec nous, du chat et du chien aux vaches et aux cochons eux-mêmes, ont besoin de notre amitié.

Cœur Joli des Enfants

Voulez-vous une autre histoire de cheval ? Celle-là, je l'ai vécue moi-même, dans le manège de l'ouest de Paris où j'avais mes habitudes. Un manège comme les autres où, chaque jeudi (les écoles fermaient ce jour-là, alors) les enfants venaient apprendre à monter. Des enfants de huit à douze ans.

Apprendre à monter à cheval, en manège, c'est tourner en rond les uns derrière les autres, pendant qu'au milieu l'écuyer (c'est le professeur) commande « Au pas ! Au trot ! Au galop ! Volte ! etc. ». Le petit cavalier fait ce qu'il faut, serre les genoux, tape des talons, tire sur les rênes comme on le lui a appris, et le cheval obéit.

S'il veut bien... Car certains chevaux de manège qui sont de véritables rosses, refusent d'exécuter les ordres de leur cavalier sous prétexte que celui-ci n'a pas serré les genoux, tapé du talon ou tiré sur la rêne exactement comme il fallait. Sentant qu'ils ont affaire à des débutants, ils en profitent. J'en ai connu qui faisaient exprès de galoper tout contre les murs du manège pour que leur cavalier s'y accroche les genoux, ou de soulever leur derrière pour le faire tomber, au galop. Méchanceté ? Non : ça les ennuie, vous comprenez, de faire cela toute la journée. Il y en a peu, heureusement et la plupart des chevaux de manège sont de braves bourrins qui trottent, galopent, virent et s'arrêtent gentiment quand ils sentent les genoux, les talons ou l'action des mains de leur cavalier. Naturellement, les enfants ont vite fait de comprendre quels sont les bons et les mauvais chevaux, et tâchent d'obtenir qu'on leur fasse monter les plus faciles.

Or il y avait, dans ce manège, un véritable cheval-miracle. On l'appelait Cœur Joli. Le cheval de manège parfait. Jamais un écart, jamais une ruade. Mieux : à force d'entendre les ordres de l'écuyer, Cœur Joli avait fini par les comprendre. Quand il entendait : « Pour passer au galop ! Passez au galop ! », il prenait le petit galop avant d'avoir reçu les coups de talon réglementaires. Quand l'écuyer criait : « Volte ! » le cheval exécutait sa volte et revenait à sa place sans que son jeune cavalier ait fait quoi que ce soit à ses rênes. J'ai même vu, à l'obstacle, Cœur Joli donner un coup d'épaule vers l'arrière parce qu'il avait senti que l'enfant, sur lui, se déséquilibrait : il le remettait en selle bien gentiment.

Tous les enfants rêvaient de monter Cœur Joli qui leur apprenait à monter sans peine. C'était à qui arriverait le premier au manège, avec des morceaux de sucre plein ses poches, qu'ils tendaient à Cœur Joli dans la paume bien à plat. A qui caresserait les doux naseaux du beau cheval. A qui demanderait à l'écuyer, d'un ton suppliant : « Dites, monsieur, je peux avoir Cœur Joli, cette fois ? »

Et puis, certain jeudi, le maître du manège a dit aux enfants que non, Cœur Joli ne travaillerait pas, aujourd'hui. Pourquoi ? Parce qu'il était malade. C'était grave ? Oui... de l'asthme. Ça pouvait se guérir ? Peut-être, en l'envoyant passer trois semaines à La Bourboule. Est-ce qu'il y partirait bientôt ? Bien sûr que non : Un séjour à La Bourboule coûte cher et Cœur Joli ne valait pas assez d'argent pour une telle dépense. Alors ? Alors on allait le mettre au pré pour qu'il engraisse et on le vendrait à une boucherie hippophagique...

Jamais reprise de débutants n'a été aussi triste que celle-là. Les gosses se regardaient sans rien dire. J'en ai vu qui s'essuyaient les yeux. Et puis, à la sortie, j'ai remarqué que les petits cavaliers, garçons et filles, bombe sur la tête et cravache sous le bras, tenaient un long conciliabule à mi-voix. Que se disaient-ils ? Il m'a fallu toute une enquête pour le savoir.

Un de ces gosses était fils d'un banquier. D'un gros banquier, avec plein d'argent, et qui, lui-même, montait à cheval. Comment l'enfant s'est-il débrouillé pour apprendre que, demain après-midi, son père n'avait aucun rendez-vous avec ses clients et qu'il pourrait travailler tranquille dans son bureau ? En l'entendant dire à table, je suppose. Le fait est que ce gosse a téléphoné ensuite, en grand mystère, à quatre de ses copains de manège et que, le lendemain, cinq maîtres d'école ont constaté qu'un enfant manquait dans leur classe. Il apporterait sans doute un mot « signé de ses parents »

(Dieu sait qui aurait fait les signatures) pour expliquer qu'il avait eu la grippe...

Toujours est-il que, le lendemain après-midi, le banquier a été un peu surpris en voyant sa secrétaire lui annoncer que son fils était dans l'antichambre avec quatre autres moutards, et que tout ce monde-là lui demandait audience.

Le gros banquier les fait asseoir et le voilà, derrière son grand bureau, mains croisées sur son sous-main comme il convient à un banquier quand on lui parle de choses sérieuses, écoutant sans mot dire les cinq gosses lui expliquer toute l'histoire de Cœur Joli, que c'était le meilleur cheval du monde, qu'il avait de l'asthme, qu'on pourrait le guérir à La Bourboule, que ça coûtait trop cher, qu'on allait le vendre à un boucher et que tout ça n'était pas possible !

On peut être banquier et avoir du cœur, surtout quand on est homme de cheval. C'était le cas du nôtre qui, par-dessus le marché, adorait son fils. Il a téléphoné au maître du manège, ils se sont arrangés d'une façon ou d'une autre et, le jeudi suivant, un grand van (ce sont les voitures où on transporte les chevaux) s'est arrêté devant le manège, d'où j'ai vu sortir Cœur Joli, suivi de tous les enfants qui le caressaient, lui donnaient des morceaux de sucre et en confiaient un kilo au conducteur du van pour le voyage. Et puis le van s'en est allé...

Trois semaines plus tard, il revenait, et un Cœur Joli transformé en descendait. Plus d'asthme, plus de toux, plus d'essoufflement, Cœur Joli était guéri.

Maintenant, dans ce manège, vous verrez tourner un beau bai brun, avec une marque au visage, un peu âgé mais toujours fringant, avec dessus un petit cavalier tout content. Seulement, il a changé de nom. On l'appelle « Cœur Joli des Enfants »...

La maison de retraite des zèbres

Le zèbre, vous connaissez : un cousin du cheval, raies sombres sur fond blanc, qui vit sur les savanes d'Afrique en troupeaux immenses et galope très vite. Savez-vous qu'il se laisse difficilement apprivoiser et que c'est un véritable tour de force, pour le dompteur, de présenter un groupe de zèbres dans les cirques ?

On ferait mieux, d'ailleurs, de les laisser tranquilles car leur vie — leur vie sauvage — est très intéressante. Ces foules de zèbres ne sont pas des sociétés organisées, avec un grand chef et des petits chefs, mais un rassemblement de familles, chacune composée d'un mâle, l'étalon, de cinq ou six femelles, les juments, et des jeunes, les poulains, qui suivent leur mère.

Pourquoi toutes ces familles se rassemblent-elles au lieu de vivre chacune de son côté ? Réfléchissez : ils broutent l'herbe de la savane et cette herbe est rare. Les zèbres se réunissent forcément aux endroits où elle est plus haute parce qu'il a plu. D'où ces formidables troupeaux qui s'en vont quand la pâture est rasée, pour trouver plus loin de l'herbe neuve. D'être ensemble les rassure aussi : le lion, les hyènes, les lycaons (ce sont de grands loups bicolores dont je vous raconterai la vie) attaquent plus volontiers un zèbre isolé qu'une bande. La troupe n'est qu'une réunion de familles qui, étalon, juments et poulains, ressemblent aux hordes de chevaux sauvages. Le mâle, l'étalon, défend les siens contre les fauves.

Une défense qu'il assure toujours de la même façon. Une lionne, par exemple, charge brusquement la famille qui broutait en bordure du grand troupeau. Tout le monde détale, poulains collés au flanc de leur mère, mais l'étalon laisse les autres prendre de l'avance, galope exprès en arrière-garde, et la lionne abandonne bientôt sa poursuite. D'abord parce qu'elle ne peut pas courir aussi vite et aussi longtemps que lui et surtout parce que, si elle le rattrapait, l'étalon lui démantibulerait la figure d'une de ses terribles ruades. En fait, la lionne n'ose s'attaquer qu'aux poulains qui se sont bêtement isolés, ou aux zèbres malades. Voilà donc notre étalon défenseur de sa famille.

Alors, les zoologues se sont dit que cet étalon était le chef, que les juments lui obéissaient. C'était logique, et ça faisait plaisir à ces Messieurs : un mâle, n'est-ce pas, doit commander...

Or ils se trompaient. L'étalon fait son métier de reproducteur, il défend à sa manière ses juments et leurs poulains, mais c'est tout. On l'a compris en observant, de loin, des zèbres à la jumelle.

C'est toujours une des juments qui donne le signal du départ quand le petit groupe doit se déplacer, qui s'arrête pour brouter et toutes les autres en font autant, qui, lentement, oreilles pointées et l'œil fixe, se dirige vers une mare pour aller boire, le reste de la famille à sa suite, et M. l'Étalon emboîtant le pas, restant derrière parce qu'on ne sait jamais, s'arrêtant quand la jument-chef s'arrête. Celle-ci est très probablement la plus âgée. Sans doute sa « première épouse ».

Ce qui s'explique. Une jument-zèbre a plus de problèmes à résoudre que le mâle. Il a fallu qu'elle élève son poulain, qu'elle l'empêche de faire le fou, qu'elle le protège si une autre jument vient l'ennuyer. Tout cela l'a obligée à prendre des décisions, à faire travailler son cerveau. Car il y a toujours de l'imprévu, sur la savane. Cette jeep est-elle dangereuse ? Cet homme qu'on voit là-bas est-il un chasseur ou un touriste ? Ce fourré ne cache-t-il pas un lion prêt à bondir ? Pourquoi les autres zèbres s'en vont-ils ? Tout cela la tracasse, la préoccupe, à cause du poulain surtout. Elle doit réfléchir, si l'on peut dire, et ça la rend plus astucieuse, un peu comme ces chiens d'aveugles qui deviennent plus intelligents parce qu'ils sont responsables de leur aveugle.

Au contraire, l'étalon, sûr de sa force, conscient de la puissance de ses ruades, a moins de problèmes. Et puis, c'est si commode, de suivre une jument pleine d'expérience. Car elle en prend, de saison en saison. Par exemple, elle a appris à reconnaître, rien qu'à l'odeur de l'air, qu'il devait avoir plu là-bas, et que l'herbe y sera plus drue. Alors les autres, les jeunes poulinières, la suivent elles aussi. Parce qu'elle est plus « intelligente » ? N'exagérons rien : parce qu'elle en sait plus long et que ces juments ont constaté, confusément, dans leur petit cerveau pas bien malin, que la vieille prenait de bonnes décisions. C'est pour cela que le véritable chef de famille est une jument.

N'empêche que, chaque année, on voit des étalons se battre. Et pas pour rire : on se mord, on se décoche de formidables ruades dans le ventre, on se bouscule de façon impressionnante et le vainqueur poursuit son vaincu, qui, maintenant, n'osera plus s'approcher des juments.

Car c'est d'elles qu'il s'agit, dans ces batailles entre mâles qui se produisent au début de la saison des amours de zèbres. Un jeune étalon vient provoquer le vieux, et ils s'expliquent avec une violence inimaginable.

Mais pas jusqu'à s'entre-tuer. A un moment donné, un des deux zèbres comprend que l'autre est plus fort, détale et, pour qu'il le comprenne mieux, le vainqueur le poursuit un grand moment. Jusqu'à ce que la question soit réglée et que l'autre n'ose plus s'approcher des juments de peur d'une nouvelle raclée.

Tout se passe normalement si le « vieux » est vainqueur. Il gardera son poste de défenseur de la famille et son métier de reproducteur. Mais s'il est battu ? Cela arrive, quand l'étalon « attitré » a pris de l'âge. Alors le vainqueur, le jeune, plus costaud, le chasse et prend sa place. Mais lui, que deviendra-t-il ? Va-t-il vivre tout seul, tristement, dans son coin ?

Jamais, et c'est là que les zèbres ont fait une grande invention. L'étalon vaincu ira retrouver de vieux congénères, chassés comme lui de chez eux et ils vont constituer, ensemble, un groupe à part où ils vivront bien tranquilles sans plus s'occuper des juments ni de défendre leur famille. Ils vieilliront doucement, broutant, buvant, faisant partie de l'immense troupeau, voyageant avec tout le monde, mais un peu isolés pourtant.

Car les zèbres ont inventé la maison de retraite...

Les mutants
sont parmi nous

Si vous aimez les romans de science-fiction, vous avez entendu parler des mutants. Ces personnages y apparaissent, en général, après une explosion atomique, ils sont un peu différents des autres, avec ce qu'on appelle « des pouvoirs supranormaux » quand on veut faire peur.

Eh bien, des mutants, il y en a chez les bêtes. Des vrais, qui n'ont pas de pouvoirs supranormaux, ni besoin de bombe atomique pour apparaître, mais qui sont un peu différents des autres animaux de leur race.

Comment ça se produit ? Je ne me hasarderai pas à vous l'expliquer mais les savants le savent. Ils savent aussi (je vais être compliqué un instant mais ça passera) que si ce petit changement, rend service, il se « fixe » parce que le mutant transmet sa mutation à ses descendants. Mais s'il ne sert à rien, s'il est nuisible, ce « mutant » meurt sans se reproduire et on n'en parle plus.

Seulement, quand l'animal mutant est domestique, tout change. Si l'homme trouve cette mutation intéressante, il fait se reproduire le mutant, et voilà la mutation fixée.

Vous préférez un exemple ? Je comprends ça : au XIIIe siècle, aux îles Canaries, on découvre des oiseaux au plumage tout à fait ordinaire, mais qui chantaient très bien. On les importe en Espagne, puis en France, on les baptise « canaris » et on les fait chanter dans leurs cages où ils se reproduisent. Ils ont toujours les couleurs très ordinaires de leurs aïeux les serins des Canaries.

Là-dessus, quatre cents ans plus tard, voilà que des canaris tout jaunes sortent de l'œuf. Ils sont absolument pareils aux autres, aussi gentils, aussi bon chanteurs, mais voilà, ils sont jaunes. C'était une mutation. Il n'y avait pas eu la moindre explosion atomique, mais, mutation : des canaris étaient nés jaunes !

Cela aurait parfaitement pu se produire avant, chez les serins des îles Canaries, quand ils vivaient en liberté. Mais ça n'aurait pas duré longtemps : un oiseau tout jaune se voit de loin, le faucon ou l'épervier auraient vite fait d'attraper ces serins couleur d'œuf et on n'en aurait plus parlé.

Seulement voilà : ces oiseaux-là étaient nés chez des éleveurs passionnés de canaris. Ils crient au miracle, font se reproduire entre eux leurs canaris mutants, la mode s'en mêle, on ne veut plus avoir que des canaris jaunes et maintenant des millions de canaris de cette couleur chantent, dans leurs cages, à travers le monde.

La mutation était fixée. Le canari jaune a-t-il une

mentalité différente de celle de ses aïeux de couleurs très ordinaires ? Il faut reconnaître qu'on connaît si mal le psychisme des canaris, qu'ils ont été tellement déformés par leur vie captive, qu'on ne peut rien dire à ce sujet. Mais, quand il s'agit de chats...

Car je vous ai raconté tout cela pour arriver à une des dernières découvertes des savants : il y a des « chats mutants » parmi nous... Des chats différents des autres, qui sont apparus comme ça, sans qu'on sache pourquoi. Parmi eux... le chat noir.

Pas n'importe quel chat noir. Le chat noir « zain » sans un poil blanc, sans moustaches claires, le chat noir comme l'âme du diable. Vous en connaissez ? Alors sachez que c'est un descendant de mutants, qu'il est un chat « extraordinaire ». Dites-le-lui, il s'en moquera, mais dites-le à son maître, il sera tout fier.

Des savants chatologues (je devrais dire « félinologue » mais c'est plus joli) ont fait une enquête formidable pour savoir quand et où le chat noir, ce chat mutant, est apparu. Après quoi, nouvelle enquête qui a duré des années, ils l'ont suivi à la trace à travers l'Afrique et l'Europe. Voilà les résultats de ces travaux.

Le chat noir, le chat mutant, est apparu pour la première fois il y a deux mille cinq cents ans sur les bords de la Méditerranée orientale. Pas étonnant : c'est là, en Égypte exactement, que le chat a été domestiqué il y a trois mille ans. On le sait par les fresques égyptiennes.

De là, les chats noirs, élevés pour leur couleur extraordinaire qu'on voyait pour la première fois, sont peu à peu transportés, par l'homme, le long de l'Afrique du Nord. Ils arrivent au Maroc où il y en a beaucoup. Pas étonnant encore : les gens d'Afrique du Nord sont musulmans et les Musulmans aiment beaucoup leurs chats à cause d'une vieille histoire entre le Prophète — Mahomet — et sa chatte Mirza.

Quelques siècles passent, et les chats noirs entrent en France, où on les retrouve, très nombreux, le long de la vallée du Rhône. Pas étonnant non plus : ils étaient forcément arrivés par bateau, et Marseille est un port. Des marins avaient dû les apporter. Et puis, toujours parce que cette couleur plaisait, on avait gardé les chats noirs, dans les portées de chatons, on les avait élevés et ces descendants de mutants avaient transmis leur particularité, leur différence, à leurs petits.

Une fois remonté le Rhône, les chats noirs passent à Paris, on en retrouve beaucoup le long de la Seine. Les voilà en Angleterre où ils sont extrêmement nombreux.

Tout cela est tellement certain que les savants qui ont fait ces recherches ont pu établir une « carte du chat noir », qui présente deux particularités : il y en a un peu partout en France, mais moins qu'ailleurs en Auvergne... Au contraire, ils pullulent dans toute l'Angleterre. Pourquoi cette différence ? Pour une raison très simple : en Angleterre, le chat noir est censé porter bonheur. En Auvergne... ? Auvergnat moi-même, je dois vous avouer la vérité : il est censé porter malheur.

C'est une vieille légende. Vous êtes allé dans une foire où vous avez été un peu malhonnête. Vous avez vendu votre cheval en truquant sur son âge pour le vendre plus cher, par exemple. Au retour, vous croisez un chat noir sur la gauche de la route. Pas de problème : vous mourrez dans l'année.

Croyance idiote, bien sûr, n'empêche que je me souviens bien : quand j'étais petit et que, les soirs de foire, je croisais mes congénères auvergnats qui revenaient de foire, ils regardaient tous, en marchant, le côté droit de la route. A en croire qu'ils avaient le torticolis... Bien sûr, chat noir rencontré ou pas, ils mouraient à leur heure, et pas avant. N'empêche qu'il y a moins de chats noirs en Auvergne qu'ailleurs, et qu'en Angleterre on en trouve des foules.

Le chat noir est-il, psychiquement, différent des autres matous ? Je n'ose rien dire, parce qu'avec les chats il faut être prudent, mais j'en ai un dans mes relations, qui est aussi noir qu'on peut l'être. Eh bien je vous assure que, quand ce chat me regarde fixement, je me demande ce qu'il pense...

Réhabilitation du cochon

Il faut réhabiliter les cochons, dont on dit vraiment trop de mal : « sale comme un cochon », par exemple, et pis encore. Pourquoi ces calomnies ? Tout simplement parce que nos cochons, dans leur soue, se roulent dans leurs ordures. Nous trouvons cela dégoûtant alors que c'est notre faute, puisque le cochon est un sanglier...

Parfaitement : un sanglier que jadis nos ancêtres les Gaulois ont apprivoisé et qu'ils ont fait engraisser, le transformant en gros cochon. Or le sanglier, son grand-père, se roule dans la boue pour tuer les puces qui viendraient s'installer dans sa fourrure.

Vous verrez souvent, dans les bois, de petites mares, très peu profondes, avec, autour, des traces de sangliers. On les appelle des « souilles » et chaque sanglier, ponctuellement, va s'y rouler. La boue recouvre ses poils, sèche, fait une carapace où les puces sont prises. Il se débarrasse ensuite du tout, boue et puces, en se frottant contre les arbres.

Tout s'explique alors... Nous forçons nos cochons à

vivre enfermés dans leurs soues, ils ont des puces et, parce que leur hérédité l'ordonne, ils se roulent par terre, où il n'y a que des ordures. Mais lâchez le cochon dans la campagne, il ne se salira plus. La preuve ? Les petits cochons roses et noirs que vous voyez en Corse, passent leurs journées dans les bois. Ils sont propres comme des sous neufs.

Il y a un autre proverbe terrible, contre nos pauvres gorets. On dit souvent : « Tout homme a dans son cœur un cochon qui sommeille. » Cela signifie que nous avons de mauvais instincts... comme le cochon paraît-il. Or c'est une abominable calomnie, dont il faut expliquer l'origine. Ce n'est pas difficile, d'ailleurs : il suffit d'élever un cochon soi-même.

Un cochon seul, pas une troupe. Et un cochon qu'on fait sortir chaque jour, pour qu'il prenne l'air, ça lui fait du bien, ça fortifie ses muscles, si bien que sa chair sera meilleure, pas trop grasse, bien ferme. Faites-le. D'abord vous rirez en voyant votre cochonnet tout jeune, tout rose, galoper comme un fou dans la cour avec sa queue en tire-bouchon et ses menus grognements de joie. Et puis vous vous attendrirez en le voyant courir vers vous, tendre son petit groin vers vos mains, se faire caresser en grognotant d'aise. Continuez à le sortir régulièrement : vous vous apercevrez qu'il répond quand on l'appelle, connaît son nom, obéit comme un chien, qu'il est aussi intelligent que le vôtre, et vous aime aussi bien. Résultat : quand il sera question d'en faire des saucissons, vous n'en aurez pas le courage...

C'est ce qui s'est passé quand un Gaulois d'autrefois a voulu tuer le sanglier qu'il avait pris, élevé et nourri. Il a eu honte, ça l'a gêné. D'autant que le cochon qu'on égorge hurle de façon bouleversante, au lieu de rester muet comme le veau qu'on assomme. En entendant ces hurlements, notre ancêtre a eu encore plus de honte. Enfin, un peu plus tard, quand l'homme a su comment étaient disposés nos propres organes, notre cœur, notre foie, nos poumons et nos intestins, et qu'il a ouvert son cochon après l'avoir égorgé, cet homme (cela a dû se passer au Moyen Age) a découvert que les organes du cochon, son cœur, son foie, ses poumons, etc. étaient très exactement arrangés comme les nôtres. Alors on a commencé à se sentir très mal à son aise, quand on tuait son cochon. Un peu comme vous vous sentiriez mal dans votre peau si vous deviez égorger votre chien ou votre chat.

Il fallait bien trouver quelque chose pour justifier ce meurtre. On a imaginé que le cochon avait tous les vices et c'est ainsi qu'est née l'expression « Tout homme a dans son cœur... ».

Expression calomniatrice, car le cochon a beaucoup moins de vices que vous ou moi : il ne fait pas la guerre aux autres cochons, il ne boit pas, il ne ment pas et sa vie sentimentale, quand on le laisse tranquille, est absolument pure. Par-dessus le marché, il est aussi intelligent que son grand-père le sanglier. On ne s'en aperçoit pas ? Parbleu ! Il naît, on le laisse dans sa soue et à six mois, après l'avoir fait manger à en éclater, on le tue. Comment voulez-vous qu'il manifeste son intelligence et ses qualités de cœur ?

Car le sanglier est une des bêtes les plus intelligentes de nos bois. Libre, c'est Tarzan, l'athlète qui ne craint personne. Poursuivi par les chiens dans une chasse à courre, il file droit devant lui, sans ruser comme ce froussard de renard. Pas la peine. Et, quand il en a assez de galoper, le père sanglier s'adosse à un rocher et « fait tête ». Gare alors au premier chien qui osera s'approcher ! Un coup de « bouts » (ce sont les défenses du sanglier, deux dents d'en haut qui sortent de sa mâchoire, les dents d'en bas, qui sortent aussi, s'appellent les « grès ») et le pauvre attaquant se retrouve éventré. Le sanglier, il faudra l'abattre d'un coup de carabine.

Malin aussi. Quand, dans une battue, les rabatteurs mènent un train du diable pour faire fuir le gibier vers les chasseurs embusqués, le sanglier comprend, le premier, de quoi il s'agit. Il prend le vent, repère, réfléchit, file sur le côté, loin des rabatteurs en ligne et des chasseurs, et se retrouve, bien tranquille, derrière ceux-ci.

Sa vie de famille est exemplaire. Il naît dans le « chaudron ». C'est ainsi qu'on nomme le pied d'un grand sapin, aux branches retombant jusqu'à terre , où la mère laie a donné le jour à douze petits marcassins, jolis comme tout, en pelage clair à raies noires qui leur donne l'air d'être en pyjama. Il va rester là un certain temps, jouant avec ses frères et sœurs, obéissant en tout à la mère dont un seul grognement fait taire toute la troupe qui s'immobilise en attendant que le danger soit passé.

Au bout de quelques semaines, mère laie emmène son monde dans la forêt, apprend à ses petits à reconnaître l'odeur des bonnes racines qu'on peut manger, quelles herbes sont dangereuses, comment on découvre les « rabouillères » pleines de petits lapins délectables, et qu'il faut se cacher sans bouger dès qu'on entend l'aboiement d'un chien, qu'on sent l'odeur de l'homme ou que le geai a lancé son cri d'alarme.

Mais l'hiver arrive : plus grand-chose à manger, dans la montagne. Alors tout le monde émigre vers les plaines, en galopant tout droit, la nuit entière, avec des arrêts aux champs de pommes de terre où il y a toujours de quoi dîner, en se cachant de l'aube au crépuscule. Voyage de plusieurs centaines de kilomètres, parfois, qu'on accomplit en groupe : devant, la mère laie, qui commande à tout le monde. Juste derrière, la troupe des petits marcassins qui galope comme elle peut. Autour, leurs frères des années précédentes, « bêtes rouges » de moins de trois ans, ainsi nommées à cause de leurs poils roux, « tiers an » et « quartaniers », plus âgés, tout noirs, et, fermant la marche, le grand vieux sanglier, père de tout le monde, qui suit en grognant. Ainsi, les petits sont protégés. La bande remontera au printemps, et la voir passer est un des plus beaux spectacles de nos bois.

Car il ne faut pas avoir peur des sangliers. Bien sûr, si, après en avoir blessé un d'un coup de chevrotines, vous vous approchez, il vous fera des choses très désagréables. Mettez-vous à sa place ! Mais il n'attaque jamais l'homme qu'il rencontre. Apprivoisé, c'est un compagnon charmant.

J'en ai eu un et il fut mon premier ami. On l'avait trouvé, tout petit marcassin, dans un fourré, un jour d'hiver, pendant leur migration vers la plaine. Comment avait-il perdu ses compagnons ? Il ne me l'a pas dit et pourtant nous parlions ensemble. Il logeait dans ma chambre, propre comme un chat, gentil comme un cocker. Il m'accompagnait partout et nous jouions à nous battre. Son grand bonheur était d'aller faire peur aux cochons, quand on les mettait dans leur pré. Je l'ai gardé trois ans. Et puis une nuit, beau gars de 60 kilos, il a entendu le roulement de tambour que font les sangliers, quand ils galopent de montagne en plaine comme chaque hiver. Il m'a regardé, il a grogné, je l'ai caressé et il est parti. J'étais un peu triste, mais content que mon ami ait rejoint les siens. L'hiver suivant, et chaque fin d'année, au moment de Noël, il y avait un grand tapage devant ma porte, ça ronflait, ça se démenait. Je descendais ouvrir et mon sanglier entrait, plus gros, plus beau que l'année précédente. Il se faisait caresser, visitait la maison, allait grogner devant la cave aux pommes de terre, déjeunait et repartait après quelques caresses, pour revenir l'hiver suivant. Il a dû mourir de vieillesse.

Car, à un moment donné, le « grand vieux sanglier » s'isole. On dit qu'il devient « solitaire », ce qui n'est pas tout à fait exact, car le solitaire a toujours un jeune, pour lui tenir compagnie.

Toutes ces qualités, notre cochon les a gardées, comme l'intelligence de son aïeul sauvage. Mais il ne lui ressemble guère, physiquement : plus de grands poils rudes, et ce manteau de graisse qui le fait ressembler à un boudin. Comment cela s'est-il passé ?

En deux temps. D'abord, Français successeurs des Gaulois qui avaient apprivoisé des marcassins pour les manger, nous avons baptisé « porc » ou « cochon » leurs descendants et nous les avons élevés en soue. Mais pas toute la journée.

On leur donnait une pâtée le matin, on les lâchait dans les bois où ils faisaient ripaille de glands, et ils rentraient d'eux-mêmes le soir, pour une nouvelle pâtée et passer la nuit dans la soue.

Peu à peu, à force de vivre ainsi, ils n'ont plus eu besoin de l'énorme fourrure de leurs grands-pères. Elle est tombée, siècle après siècle. Le cochon rose est apparu. On appelait « cochons coureurs » ceux qui étaient élevés ainsi. Leur chair était bien meilleure que celle des porcs d'aujourd'hui, mais il fallait deux ans au moins pour qu'ils pèsent les cent kilos, poids minimum du cochon qu'on tue.

Or, en même temps que nous, au Viêt-nam, au Cambodge, à l'autre bout du monde, les hommes avaient aussi apprivoisé des sangliers et ils les élevaient de même, en demi-liberté. Seulement, au lieu des pauvres pâtées de pommes de terre, les paysans de l'Asie du Sud-est donnaient du riz à leurs cochons. Du riz « paddy », très nourrissant. Si bien que les cochons cochinchinois (c'est ainsi qu'on les appelait) étaient bien plus gros que les nôtres.

Des Anglais ont découvert ces cochons, là-bas, il y a deux cents ans, ils en ont ramené des truies et des verrats, on a croisé leurs petits avec les nôtres et c'est ainsi que sont apparus les gros cochons d'aujourd'hui, qu'on surnourrit sans s'occuper de leur vie privée.

Ce qui est triste, car c'est un personnage très intéressant... Evidemment, je ne peux pas vous conseiller de ne plus manger de jambon, de rillettes ni de petit salé sous prétexte que tout cela vient d'un animal aussi gentil qu'intelligent, mais au moins, quand vous entendrez dire du mal du cochon, tâchez de rétablir la vérité...

La vie privée du pou

Nous allons parler du pou parce qu'il est très à la mode, actuellement, dans vos écoles... On l'y déteste, on l'y pourchasse, mais j'essaierai de l'évoquer en véritable ami des bêtes. Même quand il s'agit des poux, il ne faut pas être raciste.

Liquidons d'abord certaines erreurs. Non, le pou n'est pas le mari de la puce. Ce sont deux bêtes tout à fait différentes. D'abord la puce saute (si vous sautiez aussi bien qu'elle vous passeriez par-dessus la tour Eiffel) et on n'a jamais vu sauter un pou. Ensuite la puce se laisse apprivoiser. J'ai connu des dompteurs de puces : ils élevaient leurs pensionnaires sur leurs avant-bras poilus et les attachaient par d'infimes ficelles à de tout petits carrosses qu'elles tiraient sagement. Au contraire, le pou, fier animal sauvage, ne se laisse jamais domestiquer.

Mais de quel pou parlons-nous ? Il y en a des foules. Le pou des poules, par exemple, ou celui des pigeons. Ils mangent les fils les plus fins des plumes de leur hôte et, pour cela, leur tête porte de petites mâchoires broyeuses.

Au contraire, vos poux, les miens, les nôtres, vivent de notre sang. Pas de mâchoire : une petite trompe pointue vous pique et vous en prend des quantités si infimes qu'il faut vraiment être chipoteur pour le lui reprocher.

Mais il faut distinguer. Vous avez, j'ai, nous avons, deux sortes de poux. Celui de la tête, qui vit dans nos cheveux, nos sourcils, nos barbes et nos moustaches, et celui du corps qui s'installe dans nos vêtements.

Tout à fait pareils, quand on les regarde à l'œil nu : un petit corps plat, à peu près rond, de couleur discrète car le pou n'aime pas attirer l'attention, une carapace assez solide pour ne rien craindre si vous vous grattez d'un doigt négligent, six petites pattes groupées à l'avant, et la tête avec sa trompe suçeuse. Tout à fait semblables, mais ils ne se marient jamais. Pourquoi ? On ne sait pas bien.

Certains disent que c'est par snobisme : les poux de tête mépriseraient les poux de corps. Précisons que ce n'est pas certain du tout, et qu'on ne sait pas non plus si les poux de tête des professeurs sont plus intelligents que ceux de leurs élèves, ni si les poux des têtes de classe en savent plus long que ceux des derniers.

Le grave est que, poux de tête ou de corps, nous les détestons. D'abord parce qu'ils logent chez les gens sales, ou qu'on les reçoit de gens pas propres, ensuite et surtout parce qu'ils transportent la rickettsie, qui est le virus d'une terrible maladie, le typhus exanthématique, laquelle vous tortille en moins que rien, et donne de terribles épidémies. Mais l'essentiel, c'est que ce virus, votre pou le trimbale dans ses entrailles.

C'est pourquoi il ne faut jamais écraser le pou qu'on vient de capturer : vous libéreriez les rickettsies. Repassez-le à un copain, c'est plus sûr, ou allez le porter à vos parents : vous verrez comme ils seront contents en découvrant qu'un nouveau petit animal s'est installé à la maison !

Mais on ne peut pas parler de poux sans évoquer un problème de grammaire. Il y a sept mots français, en ou, qui prennent un « x » au pluriel : choux, genoux, hiboux, bijoux, cailloux, joujoux et poux. Caribou, gnou ou nandou, quand il y en a plusieurs, prennent au contraire un s. C'est comme ça mais, pour qu'il y ait des pou « x », il faut que cet animal se multiplie. Il le fait de façon charmante : Mme pou va pondre ses œufs — de petites boules ovales, un peu gluantes, qu'on appelle « lentes » — dans vos cheveux si elle est pou de tête, dans les fibres de vos vêtements s'il s'agit d'un pou de corps. Car elle vous fait confiance et sait que vous allez les couver ! Votre chaleur fera éclore ces lentes. N'est-ce pas charmant, cette solidarité ?

Enfin, il y a un pou dont je dois vous parler, parce qu'il a fait naître l'expression « dévorer un livre ». C'est le pou des bibliothèques. Pas de mâchoire ni de trompe suceuse, mais une sorte de paire de ciseaux à la figure. Il s'en sert pour découper les pages des livres qui l'intéressent. Ne riez pas : on l'a cru et les zoologues de jadis l'ont même baptisé « divinatorius », qui veut dire « devin » en latin, comme s'il devinait ce qu'il y avait d'écrit dans les livres qu'il dévorait.

C'était faux : on a fini par découvrir que ce qui

intéresse le « divinatorius » dans les livres, c'est surtout la colle de leur reliure. Un pou illettré, en somme, mais qui fait beaucoup de mal, en ravageant des bibliothèques entières.

Vous le voyez, le pou serait plutôt un « animal nuisible » comme on disait autrefois. Mais vous n'avez pas le droit de traiter les vôtres de « sales bêtes » : ce sont tout simplement des bêtes de gens sales...

La sagesse des loups

Je vais d'abord vous raconter une histoire de loups, ensuite une autre, sur les lycaons, qui sont des loups d'Afrique. Vous verrez comment les bêtes se débrouillent, selon qu'elles sont dans telle ou telle situation.

Vous avez vu des loups au cinéma, à la télé, dans vos livres et quelquefois au zoo où ils sont affreusement malheureux, tournant en rond dans leur cage du matin au soir. Vous savez aussi qu'ils vivent en clans, chaque bande de loups réunissant plusieurs familles, et qu'ils chassent de grosses bêtes.

Ceux de chez nous, qui poursuivaient le cerf et le chevreuil, se sont « mis au mouton » quand l'homme a commencé à en élever, parce que c'était plus facile à attraper. Ça ennuyait les bergers, ils ont tué des loups alors que les loups ont mangé du berger et nous avons exterminé nos loups. Ça nous a pris cinq cents ans, du Moyen Age aux années 1890. Il en reste cinq ou six couples en France, nous sommes cinq ou six à savoir où et nous ne le dirons jamais, parce que c'est au fond de forêts perdues où ils ne peuvent faire de mal à personne.

On trouve encore quelques loups, au sud de l'Italie, en Espagne, qui passent en France quand il fait si froid en hiver qu'ils ne trouvent plus rien à manger chez eux. Une trentaine survivent au nord de la Scandinavie, où on les protège. Ils sont plus nombreux en Pologne, mais les seuls endroits où le loup soit vraiment chez lui, avec le nord de l'Inde, restent la Sibérie et le Canada.

Là, les loups chassent le cerf, l'élan et le caribou, et c'est très bien. On l'a découvert d'une façon curieuse. De nombreux cerfs vivaient dans une région isolée du Canada avec des loups qui les mangeaient. Les chasseurs de cerfs ont décidé qu'on anéantissait leur cher gibier et ils ont tué tous les loups de l'endroit, en les empoisonnant avec des boulettes de strychnine. Résultat : trois ans plus tard, les cerfs, devenus trop nombreux parce que les loups ne les mangeaient plus, mouraient de faim, et crevaient d'épidémie parce que les loups n'étaient plus là pour attraper les malades. On a laissé revenir les loups et tout s'est arrangé.

C'est ainsi que l'homme a découvert que chaque espèce était nécessaire aux autres, même quand elle les mange. Appelez cela « l'équilibre biologique » et vous aurez l'air savant.

Mais ce qui est grave est qu'on empoisonne encore les loups à la strychnine, au Canada, sous prétexte qu'ils chassent le caribou. Or (un livre récent l'a prouvé) le loup ne poursuit cette grosse bête qu'au moment où il doit nourrir ses louveteaux. Le reste de l'année, père loup et mère louve vivent essentiellement de rats. Cette extermination des loups canadiens est aussi choquante que celle des bébés phoques...

L'important, c'est que cette chasse à la grosse bête explique pourquoi les loups se sont organisés en clans. Un loup tout seul ne serait pas assez fort pour fatiguer le caribou en le poursuivant, l'attaquer, le tuer ensuite. Il faut se mettre à plusieurs. D'autant plus que ça se passe dans des forêts où on ne voit pas loin devant soi, à cause des troncs, et qu'il faut suivre son caribou, son cerf ou son élan à la piste. Or ces animaux sont malins, et savent ruser : le cerf revient sur ses pas, saute d'un côté, d'un bond énorme, et les loups perdent sa trace, par exemple. Il peut fuir très longtemps, le caribou et l'élan plus longtemps encore. Les loups ont donc besoin de se relayer sur leurs traces, et de profiter de l'astuce des plus malins, qui sont capables, grâce à leur nez (c'est leur odorat) de retrouver la piste perdue.

Les loups sont même tellement savants, dans cette chasse-poursuite, qu'ils abandonnent dès qu'ils s'aperçoivent que leur gibier, là-bas en avant, est trop fort pour qu'on l'attrape. Comment le comprennent-ils ? Mystère. A son odeur, peut-être. Mais c'est ainsi que le clan des loups ne tue que les vieux, les malades, ou les faibles, et qu'ensuite survivent les cerfs, les rennes, des élans ou des caribous costauds, qui auront des petits bien portants.

Le clan des loups est donc un clan de chasseurs. Mais, quand on chasse à huit ou dix, il faut bien que quelqu'un commande sinon ce serait la pagaye. C'est pourquoi il y a toujours un « chef de clan » qui s'est imposé aux autres en les rossant et qui, ensuite, prouve qu'il mérite sa place en conduisant bien la chasse, en déjouant les ruses du gibier, en attaquant le premier la bête qu'on poursuivait.

D'autre part, quand on vit ensemble dans le même coin de forêt, il peut y avoir des conflits : qui mangera le premier, par exemple, le lièvre qui s'est bêtement fait surprendre ? Qui choisira les meilleurs morceaux du cerf qu'on vient d'égorger ? Va-t-on se battre à chaque instant pour ces broutilles ? Ce serait idiot, et dangereux parce qu'on peut toujours se blesser. Alors les loups ont établi une hiérarchie entre eux. Sous les ordres du chef de clan, il y a des loups de premier rang, de seconde classe, de troisième catégorie etc. Les gens de premier rang se serviront avant ceux du deuxième, etc. Ainsi les conflits sont évités.

D'autre part, dans le clan où tout le monde se connaît, et qui interdit son territoire de chasse aux loups étrangers, chaque famille a son petit domaine personnel, qu'on appelle les « liteaux ». Là vivent père loup, mère louve et leurs louveteaux, nés dans un coin bien caché, le bas d'un gros arbre creux, par exemple, ou une grotte invisible.

Aucun loup, fût-il de premier rang, n'a le droit d'entrer dans les liteaux d'un autre. Ce qui se comprend : mère louve a besoin d'un endroit tranquille, où elle mettra bas, allaitera, éduquera ses louveteaux sans qu'on la dérange.

D'où cette propriété privée de chaque famille, dont père loup marque les limites en urinant contre les arbres, exactement comme nos chiens avec les becs de gaz. Et tous les loups du clan respectent ces poteaux frontières. Avec ce clan, cette hiérarchie, des liteaux, la société fonctionne parfaitement.

N'empêche qu'il y a des bagarres : un loup veut devenir chef de clan ou passer d'un rang à un autre. On se bat surtout lorsqu'il s'agit de savoir lequel épousera — pour la vie — cette jeune et jolie louve. D'où des batailles.

Et pas de batailles pour rire, comme chez les lézards. On se mord jusqu'au sang, on casse une patte de l'autre... Mais, et c'est là que les loups montrent leur sagesse, ces duels ne vont jamais jusqu'à la mort du vaincu.

Dès qu'un loup se sent moins fort que son adversaire, il « fait pouce », se couche sur le dos, offrant sa gorge aux crocs du vainqueur. Or celui-ci est un loup, un tueur, que la bataille a exaspéré, que l'odeur du sang affole. Pourtant il ne peut pas, c'est physique, mordre cette gorge offerte. Quelque chose, en lui, l'en empêche.

Il reste là, haut dressé sur ses pattes, crocs découverts, poils hérissés, grondant, mais immobile. Un grand moment, pour que l'autre comprenne bien ce qui lui arrive. Puis il se retire lentement, à reculons, regardant fixement son vaincu qui, dès que le premier est à dix mètres, détale queue basse sans demander son reste. L'affaire est réglée pour l'année.

Dorénavant, quand il rencontrera son vainqueur, il donnera à son cou, à sa tête, à ses épaules et à sa queue une certaine inclinaison qui signifient : « Tu es mon supérieur ». Les zoologues disent que le premier loup est « dominant » et l'autre « dominé ».

C'est d'ailleurs pour cela que nos ancêtres ont inventé le proverbe : « Les loups ne se mangent pas entre eux. » Ils ont créé aussi, parce qu'ils connaissaient bien les loups, qu'ils nommaient « leus », l'expression « marcher à la queue leu leu », en file indienne. Car les loups chassent ainsi, quand ils poursuivent une grosse bête : les uns derrière les autres, nez par terre. Ce qui s'explique puisqu'ils suivent l'odeur que les pieds du cerf, de l'élan ou du caribou, ont laissée sur le sol.

Bête prise, égorgée, chacun se sert à son tour, avalant une quantité formidable de viande. Bien plus qu'il n'en faut pour un loup. C'est qu'en fait le nôtre était simplement allé faire les commissions pour sa famille qui l'attend, là-bas, dans les liteaux.

Il reviendra chez lui ventre plein et, devant mère louve et les louveteaux, le père chasseur « régurgitera » tant qu'il pourra, nourrissant les siens. Ensuite on dormira en commun, les louveteaux joueront, et tout recommencera jusqu'à la prochaine chasse, dans une société qui semble mieux organisée que la nôtre car, nous les hommes, nous nous tuons entre nous...

Le lycaon, un loup
pas comme les autres

Vous avez vu vivre nos loups ? Voici maintenant des lycaons, qui habitent l'Afrique, du Kenya au sud du continent.

Imaginez un loup très grand, hirsute, dont le train arrière est aussi haut que l'avant (celui de nos loups est plus bas) avec de grandes oreilles droites, larges, toutes rondes d'en haut, et une fourrure à grandes taches noires, jaunes, rouges ou blanches, un peu semblables à celles des chevaux de cirque.

Il vit en bandes, plus nombreuses que celles de nos loups, et chasse comme eux de grosses bêtes, les gnous, les antilopes, les gazelles. Mais sa chasse est très différente.

Car cela se passe dans la savane, où il y a beaucoup de gibier, et très peu d'arbres. Pas besoin de suivre une piste : on chasse à vue sans s'inquiéter de suivre la trace odorante. Mais on réfléchit avant.

Premier temps : la bande de lycaons se déplace,

sans ordre, au pas, dans la savane. L'un flaire une touffe, l'autre arrose un buisson. Les antilopes, les gnous, les gazelles ne s'émeuvent pas, continuent de brouter à quelques mètres : elles savent que la chasse n'est pas commencée.

Puis les lycaons gagnent le sommet d'une colline, s'y couchent, tous tournés du même côté. Pour regarder le paysage ? Non : les troupeaux qui paissent à leurs pieds. Comment détectent-ils le gnou isolé, l'antilope écartée du troupeau, la gazelle qui boite ? En les voyant évidemment. Mais comment signalent-ils leurs découvertes aux autres ? On ne sait pas. Peut-être y a-t-il une hiérarchie entre eux (on ne l'a pas encore notée) et la bande tient-elle compte des décisions des lycaons haut placés.

En tout cas, à un moment donné, ils se lèvent, et, tous ensemble, en ligne (alors que les loups chassent à la queue leu leu) ils filent, tête basse et cou allongé, vers la victime choisie. Pas très vite. Les lycaons peuvent galoper très longtemps et si l'autre, flairant l'attaque, n'a pas su réintégrer le troupeau, elle est perdue.

Car gazelle, gnou ou antilope peuvent échapper à la charge de la lionne, mais la poursuite des lycaons ne pardonne pas, à cause de sa durée, et de leur disposition sur une seule ligne. Si la « bête de chasse » fait un écart sur le côté pour éviter le lycaon qui va lui mordre un jarret, elle tombe sur celui de droite, ou de gauche, qui le mord au ventre. En un instant elle est prise et toute la troupe se jette sur elle, commençant à manger sans attendre souvent que leur proie soit morte. Pas d'ordre, semble-t-il, dans cette ripaille. Tout le monde se sert en même temps. Et, quand il ne reste plus que les os pour vautours, on revient à la maison, exactement comme les loups.

Mais cette « maison » n'a rien à voir avec les liteaux du loup. C'est un campement, pas un domicile fixe. Ce qui s'explique : les lycaons voyagent avec les gnous, les gazelles ou les antilopes, brouteurs qui tout le temps se déplacent pour trouver l'herbe fraîche. D'où ces campements provisoires, qui changent plusieurs fois par an.

Au milieu, une caverne, un immense terrier. Ou bien les lycaons l'ont creusé eux-mêmes, ou bien ils ont agrandi le terrier d'un oryctérope (c'est une grosse bête de la savane) ou de quelque autre creuseur de trous.

Autre différence avec les loups : ce terrier est un logis collectif. Toutes les femelles vont y mettre bas ensemble. Conséquence bizarre : toutes allaitent et élèvent indifféremment leurs petits et ceux des autres. Si bien qu'on n'a pas pu découvrir encore combien chacune en avait chaque année puisqu'ils sont tous ensemble et que toutes s'occupent de tous. Les seules disputes qu'on ait vues jusqu'à présent opposaient deux femelles qui se chamaillaient au sujet d'un petit.

Ces femelles sont restées au campement et la bande y a laissé aussi quelques mâles. Parce qu'il y a des hyènes, dans la savane, et des lions, contre lesquels il faut défendre les petits. La bande repue arrive, et chacun des chasseurs régurgite le trop-plein de son estomac devant les petits, les femelles et les gardiens. Exactement comme les loups à ceci près que, chez ceux-ci, on ne fait cette opération que devant « sa » louve et « ses » louveteaux.

L'intéressant, ce sont ces différences. Voilà deux animaux, le loup et le lycaon, très semblables, armés de la même façon, poursuivant des gibiers comparables. Pourtant ils ne vivent pas de même. Leur société est différente. Si vraiment — et c'est probable — les observations qui viendront confirment cette absence de chefs chez les loups d'Afrique, et qu'ils vivent dans une sorte de démocratie, cela donnera à réfléchir...

Mais savez-vous ce que nous venons de faire, sans en avoir l'air ? De la sociologie comparée, tout simplement. Une science affreusement compliquée. Vous voyez comme on devient calé, en regardant vivre les bêtes !

Le bison de Bielowicza

Vous avez vu des bisons d'Amérique au cinéma : ces gros bœufs un peu bossus, tout poilus, tout noirs, avec un air pas très malin. Vous savez qu'il y en avait des dizaines de millions, dans la Grande Prairie, que les Indiens s'en nourrissaient et que les Blancs ont massacré les bisons pour priver les Indiens de nourriture et prendre leurs terres. A la fin du siècle dernier il n'en restait plus que quelques-uns, on les a réunis, mis dans des réserves, et l'espèce a été sauvée. Les nôtres, les bisons d'Europe, ont vécu une aventure comparable.

Ils étaient, ils sont toujours, un peu plus gros que ceux d'Amérique. Deux tonnes sur quatre pattes, poil noir un peu frisotté par endroit, front bas, petites cornes et juste ce qu'il faut d'intelligence pour se débrouiller quand on est assez gros pour ne craindre ni le loup ni l'ours. De braves bisons, que les Européens ont massacrés allégrement pendant des siècles, comme ils massacraient l'aurochs, disparu voici quatre cents ans.

Le bison a survécu parce qu'il avait un refuge où personne n'allait le déranger : les forêts polonaises. Un grand nombre de bisons y vivaient, assez tranquilles en somme, sauf quand un grand seigneur polonais décidait d'en tuer un.

Seulement, manque de chance, quand nous nous faisons des guerres, en Europe, c'est en Pologne que ça se passe, et les guerres modernes font plus de dégâts que celles d'autrefois.

Résultat : la guerre de 1914-1918, déferlant à travers les forêts polonaises où les armées du tsar de Russie et celles de l'empereur d'Allemagne s'expliquaient, puis celle qui a suivi tout de suite, où les armées bolcheviques se battaient contre les Polonais et leurs alliés, ont à peu près exterminé les bisons. Il en restait pourtant quelques-uns et les Polonais, tout contents de se retrouver libres après toutes ces horreurs, ont adopté leurs bisons, défendu qu'on les chasse. Peu à peu, de 1923 à 1940, le troupeau s'est reconstitué car chaque bisonne donne un petit par an.

Là-dessus, nouvel ennui : la guerre de 1940. Les armées allemandes bousculent les armées polonaises, entrent en Russie, laissant beaucoup de cadavres de bisons derrière elles. Mais les Russes contre-attaquent, et leurs armées retraversent les forêts, en se battant mètre par mètre contre celles d'Hitler. Résultat : en 1944, la paix revenait, mais il n'y avait plus un seul bison en Pologne.

Voilà les Polonais désolés. Ils tenaient à leurs bisons, ces gens. L'un d'eux a une idée géniale : « Mais il y a des bisons dans les zoos d'Europe, dit-il. Si on demandait qu'on nous en envoie ? »

Les ambassadeurs vont visiter les ministres, on

s'entend, et chaque zoo possédant des bisons — vous en avez vu au Museum et à Vincennes — envoie ses petits bisons en Pologne. On les met en forêt, ils se reproduisent, un petit troupeau se reconstitue et les Polonais sont contents.

Or les bisons réacclimatés habitaient deux forêts, celle de Bielowicza et une autre, à trois cents kilomètres de là. Et voilà qu'une épidémie frappe le troupeau de bisons de l'autre forêt. Beaucoup meurent, dont tous les mâles. C'était bien ennuyeux : ces femelles bisons, toutes seules, ne pourraient plus avoir de petits bisons. Un seul moyen : prendre un mâle dans la forêt de Bielowicza, le transporter dans l'autre forêt : il y rencontrera les femelles, ça donnera de petits bisons et le troupeau grandira.

Oui, mais on ne transporte pas un bison de deux tonnes comme un lapin. On avise, à Bielowicza, un beau M. Bison en pleine forme, on l'endort d'une balle contenant du somnifère, on le met dans un camion, et on le dépose, somnolent, dans l'autre forêt. Il se réveille, hume l'air et entre sous bois, pendant que les gardes lui crient qu'il a bien de la veine, qu'il sera tout seul à s'occuper de nombreuses bisonnes absolument charmantes.

Que s'est-il passé ensuite ? Personne ne l'a su parce qu'il n'y avait pas de témoin. Les bisonnes de sa nouvelle forêt lui ont-elles déplu ? Voulait-il retrouver ses amis de Bielowicza ? Allez savoir. Huit jours après, que voient les gardes, à la limite de l'autre forêt ? Le gros bison qui s'en allait ! On lui fait peur, on crie, on tire en l'air, il rentre sous les arbres... et ressort, la semaine suivante, trois kilomètres plus loin. Cela a duré plusieurs mois : le bison voulait s'en aller, on l'en empêchait, il recommençait. Que lui arrivait-il ?

La presse polonaise apprend la chose, en parle, et on constate, en regardant la carte, que ce bison sortait toujours de sa forêt du côté de Bielowicza.

Pas de doute : il voulait rentrer chez lui. Les journaux polonais prennent fait et cause pour cet animal : on n'allait tout de même pas rendre neurasthénique un bison qui veut rentrer à la maison !

L'opinion s'émeut, les autorités obéissent. On décide de laisser ce bison faire ce qui lui plaît.

Une semaine passe, notre ami ressort de la forêt, et, tout bonnement, prend le chemin de Bielowicza. Pas par la route, notez : il allait de pré en pâturage, broutant ici, dormant là, s'amusant à épouvanter les vaches en leur soufflant dessus. Lentement, paisiblement, en monsieur qui sait ce qu'il fait.

Toute la Pologne se passionne pour son cas. Les journaux publient des cartes où, chaque jour, on notait le progression du bison. Trois kilomètres aujourd'hui, cinq hier... Les gens s'enthousiasment et, pour qu'il n'arrive pas malheur au bison, on décide de protéger sa marche. Et voilà notre énorme animal, pas impressionné du tout, qui chemine nonchalamment, motards devant motards derrière, comme un président de République.

Le Bison a fini par retrouver la forêt de Bielowicza où maintenant, il vit, parfaitement heureux, pendant que les zoologues se demandent ce qui a bien pu se passer dans sa tête et comment il a retrouvé sa route.

Pourquoi le calao emprisonne sa compagne

Le calao est un oiseau noir, gros comme une pintade à peu près, qui se promène derrière son bec dans les forêts africaines. Je dis bien « derrière son bec » car ce bec est énorme, phénoménal, plus long que celui du toucan, un grand bec d'abord droit, qui se termine en bec crochu. Supposez un bec d'aigle de vingt-cinq centimètres de long. Un oiseau paisible, qui vit de fruits, de baies, mange même celles qui empoisonnent les autres à cause de la strychnine qu'elles contiennent. A part ça il est monogame, les tribus de l'endroit le considèrent comme un oiseau sacré, et ses façons de vivre ont donné bien du souci aux zoologues.

Car le calao met sa compagne en prison. Chaque année, à un moment donné, il la conduit cérémonieusement vers un arbre creux, l'y fait entrer et, ramassant des pierres, de la terre, de la mousse, des bouts de bois, des feuilles, construit un mur qui bouche le trou où il a enfermé son épouse. Un mur solide, mais qui ne va pas jusqu'en haut : Mme Calao peut passer son bec par l'ouverture que son compagnon a laissée, ce qu'elle fait d'ailleurs aussitôt.

La voilà donc emprisonnée. A ce moment que fait le mâle ? Il part dans la forêt, ramasse des fruits, des baies, et les rapporte à sa femelle prisonnière, les lui repasse de bec à bec. Elle les lui réclame d'ailleurs en faisant un bruit de tous les diables avec ses mandibules, quand il tarde à apporter le déjeuner. L'expression « claquer du bec » qui signifie qu'on a faim, pourrait avoir été inventée par les dames calaos, si elles avaient vécu en France.

Vous imaginez l'étonnement des tribus locales en voyant ce manège, et celle des zoologues quand ils l'ont découvert plus tard. D'autant plus que, lorsqu'on goûtait les baies que M. Calao apportait en grande pompe à sa femelle, on tombait horriblement malade tant elles contenaient de strychnine ! Un gars qui met sa femme en prison et la nourrit de fruits empoisonnés, c'est suspect.

D'autant plus bizarre que tout finit bien. Trois mois passent ainsi, Mme Calao dans son cachot, M. Calao la bourrant de graines à la strychnine, et puis, un beau matin, il démolit le mur de la prison à grands coups de bec, et elle sort, toute guillerette, avec trois ou quatre petits calaos derrière elle !

Du coup, les tribus en ont fait un oiseau-dieu. Les zoologues, quand ils ont vérifié ce qu'on leur racontait sur les mœurs de cet oiseau, puis constaté de leurs yeux que tout cela était exact, ont démoli le mur de la prison sans attendre que le mâle s'en charge. Et ils ont tout compris.

Comme tous les oiseaux, la femelle du calao mue chaque année. Mais complètement, et en deux temps : d'abord toutes ses anciennes plumes tombent, ensuite les nouvelles poussent. Or cette mue se produit juste au moment où elle va pondre, et les plumes neuves ont fini de pousser trois mois après, quand les petits calaos, éclos dans la prison de leur mère, sont capables de se promener dans la forêt.

Tout s'explique. Supposez qu'au moment de pondre et pendant les trois mois qu'il lui faudra pour couver et élever ses petits, cette femelle de calao soit toute nue, anciennes plumes tombées et nouvelles à peine poussées... D'abord elle prendra froid, ensuite, sans défense, incapable de s'envoler puisqu'elle est déplumée, la malheureuse sera la proie de tous les chats sauvages, de tous les carnassiers de l'endroit. Elle mourra forcément et ses petits aussi, car ils naissent nus.

En la mettant en prison son compagnon la sauve. S'il la nourrit de graines bourrées de strychnine, c'est tout simplement que l'estomac des calaos sécrète des contrepoisons qui leur permettent de digérer ces graines. Finalement, il se conduit en excellent mari...

Mais il y a quelque chose de plus émouvant encore, dans la vie sentimentale de ces oiseaux. Qu'arrivera-t-il si le père meurt pendant la période où la mère est dans sa prison ? Normalement, elle devrait crever de faim, puisque c'est lui qui la nourrit, et lui seul. Pas du tout.

Car tous les calaos de l'endroit ne sont pas mariés. Il y a toujours des célibataires qui traînent, dans la forêt. Des jeunes qui n'ont pas trouvé calaotte à leur pied, de vieux veufs.

Alors on voit un spectacle surprenant : Mme Calao, dont le mari s'est fait tuer par quelque chat sauvage ou par un rapace, réclame son déjeuner en claquant du bec tant qu'elle peut. Les célibataires entendent ces claquements qu'ils connaissent bien, puisqu'ils ont été petits calaos et que leur mère claquait du bec quand Papa tardait. Ils viennent voir de quoi il s'agit, attendent, constatent que le mari de cette dame ne vient pas, et prennent sa place. Ils vont chercher des graines et les apportent à la prisonnière inconnue. N'importe quel jeune homme ferait cela, n'est-ce pas ?

Le merveilleux, c'est qu'à la sortie, quand elle a été ainsi bien nourrie par un calao célibataire, la calaotte prisonnière l'épousera, et il adoptera ses petits. Ils iront, tous les deux, promener la nichée dans la forêt, montrer aux jeunes quelles graines sont bonnes, c'est-à-dire pleines de poison, et ce qu'il faut faire quand on entend un chat sauvage ou qu'arrive un oiseau dangereux. Et cela donnera un excellent ménage, dont la vie conjugale aura commencé quand l'épouse était en prison.

Les tribus de la forêt admiraient les calaos, mais les hommes en avaient tiré une conclusion critiquable : là-bas, dès qu'une dame attendait un bébé, son mari l'enfermait dans sa case, et défense de sortir jusqu'après la naissance ! Il lui apportait à manger, bien sûr, et pas des graines empoisonnées, mais il la gardait en prison.

Ce qui prouve que les hommes, quand ils se mettent à imiter les bêtes, se conduisent beaucoup moins bien qu'elles...

Vivre en termitière

Nous allons entrer dans un univers extraordinaire : celui des termites, ces espèces de fourmis qui n'en sont pas (ne les traitez pas de fourmis : ce sont leurs pires ennemis !) qui vivent en société comme les abeilles, et pullulent un peu partout, même dans nos charpentes de bois qu'ils démolissent en les rongeant.

Comme il y en a beaucoup d'espèces, nous choisirons la plus connue, celle qui fait des tours de trois mètres de haut, dans la savane africaine, dont vous avez dû voir des photos. Nous allons suivre la vie d'une de ces termitières.

Tout commence un soir d'été, quand il a plu. Un soir, parce que les oiseaux sont au nid, après la pluie parce que la terre est plus molle. Pourquoi ? Voilà : les ouvriers (on dit les ouvriers mais en vérité ils sont « asexués », ni mâles ni femelles, comme les abeilles ouvrières ou les fourmis) ont ouvert le haut d'une termitière, et une petite foule de termites ailés s'est envolée. Des mâles et des femelles, ceux-là, qui doivent se marier. Suivons l'une de ces dames.

Elle vole un moment, tout épatée de voir la lumière en sortant de sa termitière obscure sans que les oiseaux l'attrapent puisqu'ils sont couchés. Un mâle la suit, sans doute parce qu'il a reconnu son odeur ou que, dans son vol, quelque chose la fait reconnaître ou (après tout, pourquoi pas ?) tout bonnement parce qu'elle lui plaît. Elle se pose par terre, il atterrit derrière elle. Alors, d'un drôle de mouvement de ses pattes de devant (elle en a six, avec un thorax et un abdomen, comme tous les insectes) elle s'arrache les ailes. Fini de rire et de voler. Lui en fait autant.

La fille alors se promène, nez par terre (c'est une façon de dire, car elle n'a pas de nez, mais une petite figure d'insecte, avec des mandibules pour mâchoire) et trouve un petit trou dans le sol, comme il y en a toujours après la pluie. Elle y entre, il la suit. Les deux arrivent au fond du trou, ils l'élargissent autant qu'ils peuvent en travaillant des mandibules. Finalement, ils en font une petite pièce.

Les voilà, tous les deux, dans la chambre nuptiale. Que vont-ils faire, je vous le demande ? Vous avez perdu : elle va semer ses champignons.

Car les termites ne mangent pas le bois qu'ils rongent, mais les champignons qu'ils font pousser et qui se multiplient sur d'infimes morceaux de bois pourri qu'on trouve toujours dans la terre. Mme Termite en avait emporté de minuscules graines, accrochées à ses mandibules, de la termitière où elle était née et où les ouvriers l'avaient nourrie.

Elle construit un petit talus de terre et de bois

pourri, frotte ses mandibules dessus. Voilà les champignons semés, il n'y a plus qu'à attendre qu'ils poussent — c'est vite fait — et à se marier pour faire des ouvriers termites qui agrandiront la termitière, feront de nouvelles champignonnières, etc. M. et Mme Termite se marient donc. Tout va commencer.

Revenons dix ans après. Car une termitière vit longtemps. Aussi longtemps que sa reine. Nous appellerons ainsi la femelle que nous avons vue arriver. C'est un mot mal choisi, mais je n'en ai pas d'autre.

Maintenant, une tour de plus de deux mètres s'élève sur la savane. Assez large, avec d'autres tours accrochées à ses flancs, ici et là. Une construction bizarre, un château de cauchemar, pointu d'en haut, et dur au point qu'il faut la pioche pour l'attaquer. La termitière.

Les zoologues ont mis des années pour savoir ce qui se passait là-dedans. C'était très difficile ! les termites, qui vivent dans le noir, ont horreur de la lumière. Imaginons donc que nous sommes sorciers, entrons dans cette termitière.

C'est un dédale de couloirs, avec des salles, des puits, un réseau de corridors aussi compliqué que les rues d'une vieille ville. Certaines montent, d'autres descendent et, dans ces rues, des dizaines de milliers de termites vont et viennent à toute allure. Les uns portent, dans leur mandibule, un œuf vers une salle pour le couvain, les autres soignent les larves (comme tant d'insectes, le termite est d'abord œuf, puis larve, puis termite complet), d'autres nettoient, certains creusent des puits qui descendent jusqu'à dix mètres sous terre et remontent avec un peu d'eau aux mandibules, soignent les champignonnières.

Ici et là, vous en verrez, différents de leurs congénères : les soldats. Les uns ont d'énormes mandibules pour mordre les fourmis si, selon leur coupable habitude, elles attaquaient la termitière, les autres portent, au bout du nez, une espèce de pistolet qui envoie un liquide empoisonné capable d'endormir la fourmi.

Tout cela grouille, va, vient, monte, descend. Sans ordre apparemment. En vérité chacun fait son boulot et, si quelque chose d'inquiétant survient, chacun est capable d'exécuter les gestes nécessaires.

Supposez, qu'à la suite d'une pluie très forte, ou de n'importe quel événement, un morceau de la termitière soit éventré. Les damnées fourmis, qui traînent toujours par-là, vont attaquer. Immédiatement, les soldats sortent par la brèche, les uns agitant leurs mandibules, les autres brandissant leur pistolet. Ils sont aveugles ? N'empêche qu'ils se battront comme des chiens contre les fourmis qu'ils doivent repérer à leur odeur.

Héroïques, d'autant plus qu'ils sont sûrs d'y rester : derrière eux, les ouvriers ont bouché la brèche. Les soldats mourront au champ d'honneur des termites, c'est leur métier, mais la termitière sera sauvée, c'est le but.

Vous voulez un autre exemple ? Isolez délicatement un morceau de la termitière avec une lame d'acier, un fer de bêche par exemple, que vous enfoncez et que vous laisserez sur place. L'instant d'après, les ouvriers arriveront et reconstruiront, de chaque côté de la lame, les galeries et les salles que vous avez coupées, si exactement que, quand vous retirez votre bêche, les toits concordent à un demi-millimètre près. Aucun ne voyait travailler les autres, puisque le fer était entre eux et qu'au surplus ils sont aveugles, n'empêche que les réparations sont faites avec une précision effarante.

Mais vous n'avez pas vu le plus beau. Tout au fond de la termitière, bien cachée, secrète, voilà la « casemate royale ». Un curieux endroit, voûté, une salle de cinquante centimètres de long si la termitière est vieille. Ce qui est immense si l'on songe que les termites ont cinq à huit millimètres... Au milieu, la reine. Elle est devenue énorme : trente centimètres. Et pas bien belle : un boudin grisâtre. Elle n'est plus qu'une machine à pondre. Toutes les deux ou trois secondes, un œuf tombe. Entre ses pattes de devant, le roi, le mâle qui l'accompagnait au début, qui a gardé sa taille d'autrefois. Pas plus roi que vous et moi : son seul métier est de féconder la reine qui, de temps en temps, le lui rappelle d'un coup de pattes — « Allons, mon ami... ». Il file à l'autre bout de la grosse dame, puis revient se cacher entre les pattes de devant.

Autour d'eux, c'est la gare Saint-Lazare aux heures de pointe. La casemate a deux portes. L'une près de la tête de la reine, la seconde à l'autre bout de Sa Majesté. Les ouvriers entrent en file, et font tous la même chose : d'abord, ils remettent un peu de nourriture, du champignon mâché, prédigéré, à la bouche de la reine (car les termites se nourrissent de bouche à bouche et si vous voulez avoir l'air savant dites que c'est par « trophallaxie ») puis longent l'énorme dame en la léchant tout partout, comme s'ils voulaient la nettoyer, et enfin, arrivés au bout, ils recueillent l'œuf qui vient de tomber et l'emportent vers une des salles où d'autres ouvriers surveilleront son mûrissement, son éclosion, et nourriront les larves.

Mais ce n'est pas tout : autour de cette foule qui longe le corps de la reine, immobile, des soldats. Au plafond, accrochés par les pattes de derrière, d'autres termites-soldats qui, de temps en temps, hochent la tête sans qu'on sache pourquoi.

Cette casemate, peut être comparée au crâne — enfin, à la boîte crânienne — de la termitière, dont la reine serait le cerveau. Là, nous entrons dans un autre univers...

Car réfléchissez : qui ordonne aux soldats d'aller se faire tuer quand les fourmis attaquent, et aux ouvriers de reboucher la brèche derrière eux ? Pourquoi les termites ont-ils reconstruit, très exactement, leurs couloirs et leurs salles de chaque côté de la brèche ? Pourquoi celui-ci va-t-il s'occuper du couvain, celui-là des champignons ?

L'instinct ? C'est vite dit et d'ailleurs qu'est-ce que cela veut dire ? On ne peut pas imaginer que les termites soient programmés au point de prendre les décisions qu'il faut (reconstruire les couloirs, reboucher la brèche) dans des circonstances absolument imprévisibles. Il faut bien qu'il y ait, quelque part, quelqu'un qui leur dise ce qu'il faut faire.

Or ce centre de commandement, c'est forcément la reine. Deux preuves : quand la reine meurt, toute la termitière s'arrête, les ouvriers ne font plus ce qu'ils devraient faire, les larves crèvent faute de nourriture, les termites un peu plus tard parce qu'ils ne s'entre-nourrissent plus, et bientôt la ville trépasse.

Et, si, par hasard, en ouvrant la casemate royale, vous avez fait tomber un morceau de terre sur la tête de la reine, celle-ci est toute groggy. Alors, vous voyez les termites, dans les couloirs, interrompre leurs activités les uns après les autres. Peu à peu la termitière s'arrête. Pendant ce temps, dans la casemate, les ouvriers se mettent à mordiller la reine, si fort qu'elle devient toute flasque et puis, si Sa Majesté se remet, si le choc n'était pas trop fort, tout recommence et, lentement, la termitière se remet à vivre et à fonctionner comme avant.

C'est donc « au niveau de » la reine que les décisions sont prises. Comment, pourquoi ? On n'en sait rien encore. Comment ces ordres sont-ils transmis ? Par un produit qu'on vient de découvrir, et dont je vais vous parler au prochain chapitre.

Les mystérieuses phérormones

Là, nous allons faire de la biologie de pointe. On va parler des phérormones, des corps, découverts tout récemment, qui expliquent, entre autres, la transmission des ordres dans une termitière.

Ces produits chimiques, dont on a établi la formule (mais je ne vous la dirai pas : elle est encore plus compliquée que celles de nos drogues) sont sécrétés par un individu — une fourmi, une abeille, un termite par exemple, mais il y en a aussi chez beaucoup d'autres animaux et peut-être chez tous — et modifient le comportement d'un autre individu. C'est leur nouveauté.

Quand vos glandes personnelles fabriquent quelque chose, ça modifie votre comportement à vous. Les autres s'en moquent. Si vous sécrétez un jet d'adrénaline, c'est vous qui vous mettez en colère, pas moi. Au contraire, les phérormones agissent sur le voisin.

Un exemple ? Faites peur à une fourmi, elle sécrétera un nuage de gaz qui, en six secondes, s'étendra à quelques centimètres au-dessus d'elle pour disparaître treize secondes plus tard. Un gaz d'alerte, qui veut dire « J'ai peur ! ». Toutes les fourmis voisines, qui l'ont senti, accourront. La fourmi terrorisée avait émis des phérormones.

Autre exemple, plus surprenant : toute la saison, les abeilles d'une ruche fabriquent des alvéoles ordinaires où d'autres abeilles nourriront « ordinairement » les larves et ça donnera des ouvrières sans sexe, ni mâles ni femelles. Mais, à un moment donné, ces mêmes abeilles (ou leurs sœurs) se mettront à construire des alvéoles de taille et de forme différentes, où les nourrisseuses apporteront une nourriture spéciale, la « gelée royale ». Ensuite les larves ainsi logées, ainsi nourries, deviendront des reines, sexuées, femelles.

Pourquoi les abeilles se sont-elles mises à construire des alvéoles royaux au lieu d'alvéoles ordinaires ? On a fini par découvrir que la reine avait, près de ses mandibules, une glande qui sécrétait des phérormones qui empêchaient le développement des organes sexuels des abeilles. Celles-ci recevaient ces phérormones en nourrissant la reine de bouche à bouche, quand leurs mandibules touchaient les siennes. Alors, elles construisaient leurs alvéoles ordinaires. Mais, au moment où il faut construire des alvéoles royaux, la sécrétion de ces glandes de Sa Majesté se modifie. Les abeilles qui la reçoivent la repassent à leurs camarades puisque tout le monde s'entre-nourrit de bouche à bouche, on se met à construire des alvéoles royaux, et le reste suit.

Il s'agit en somme, d'un langage par produits chimiques, d'une langue des odeurs. Voilà expliqué (à moitié) le mystère de notre termitière de tout à l'heure : la reine sécrète des phérormones que les ouvriers recueillent en lui donnant à manger quand ils entrent dans la casemate royale, tout le monde en a sa part puisque tout le monde se nourrit de bouche à bouche et les ordres de Sa Majesté circulent à travers la termitière.

Ce qui n'explique pas pourquoi la reine des abeilles ou celle des termites ont modifié leurs sécrétions, décidé, l'une qu'il fallait construire des alvéoles royaux, l'autre de réparer la termitière. On le saura un jour, sans doute, des foules de données interviennent aussi pour modifier les façons d'agir de ces insectes sociaux. Mais on a fait un grand pas en découvrant ces phérormones.

D'autant plus qu'on en trouve partout, maintenant, et dans des cas imprévisibles.

Jusqu'à présent, les phérormones qu'on découvrait n'agissaient qu'entre individus de la même espèce. Entre abeilles, entre fourmis, entre termites. En somme on avait prouvé que ces insectes employaient un langage chimique (je devrais dire un « mode de communication » mais c'est trop compliqué), la belle affaire ?

On savait depuis longtemps que la femelle du bombyx du mûrier, après avoir été larve, c'est-à-dire ver à soie, émettait un gaz que le mâle sent à onze kilomètres (record actuel) et que ce mâle arrive à toutes ailes, tend ses pattes (où est l'organe de son odorat) pour bien vérifier ce qu'il avait senti, émet à son tour un petit gaz et qu'ensuite ils s'accouplent. Ils avaient « communiqué par odeur ».

Mais, où on a été surpris, c'est en découvrant ces phérormones qui, émis par un animal d'une espèce, modifiaient le comportement, les façons de faire, d'une bête d'une autre espèce.

C'est ce qu'ont trouvé M. Rothschild et M. Ford, qui ne sont ni banquiers ni constructeurs d'automobiles, mais zoologues. Leur animal préféré, est la puce du lapin. Pourquoi pas ?

Une chose les tracassait. Leurs puces de lapin s'accouplaient toute l'année, comme c'est la mode chez les puces, mais les femelles ne se mettaient à pondre qu'au moment où les lapines, leurs hôtes, avaient leurs petits lapins. Comme si ces puces avaient appris qu'avec de nouveaux lapins dans la cage, on aurait davantage à manger et qu'ainsi elles pouvaient pondre.

Ce qui tout de même les surprenait : ils ne pouvaient pas imaginer une puce comptant les lapins de la cage et se disant : « Tiens ! ils n'étaient que deux, hier, et maintenant il y en a six : pondons ! » Impossible ! D'autant plus que, si on apportait de nouveaux lapins dans la cage, des lapins adultes, les puces ne pondaient pas...

Alors ? Alors MM. Rothschild et Ford ont découvert que le lapereau nouveau-né, entre son premier et son septième jour, émettait un gaz, qu'ils ont analysé, dont ils connaissent la formule, qui incitait la puce de lapin à pondre. On savait bien que chaque espèce dépendait des autres, mais pas à ce point et on ne soupçonnait pas le mécanisme de cette dépendance. Le voilà, avec les phérormones.

Car on en a trouvé aussi chez les singes rhésus, et

chez bien d'autres bêtes. Y en a-t-il chez nous ? Émettons-nous, sans le savoir, des produits qui modifient les façons de faire des autres ? On le découvrira un jour et ça expliquera bien des choses...

Comment le varan est devenu dragon

Imaginez un journaliste à qui son rédacteur en chef a dit :

— Trouvez-moi l'origine des dragons !

— Des dra... Des dragons ? Bien sûr, monsieur. Pourquoi ?

— Parce qu'ils se ressemblent tous ! La Tarasque de Tarascon, le dragon que saint Georges perfore avec sa grande lance, ceux de Siegfried, des légendes allemandes, sont tous pareils : une énorme gueule pleine de dents, une crête, une queue qui se tord et des pattes griffues, et tous crachent le feu. Pas normal, cette ressemblance. Je veux bien que les raconteurs d'histoires aient copiés les uns sur les autres, mais pourquoi le premier, celui que les autres ont imité, a-t-il inventé un dragon ainsi fait ? Trouvez-moi sa source, son origine.

— Bien monsieur, a répondu le journaliste et il

s'est mis à lire des tas de livres. Le dragon descendrait-il d'un terrible dinosaure qu'un homme aurait dessiné, après quoi les autres auraient imité son dessin ? Pas possible : l'homme est arrivé soixante-dix millions d'années après la mort du dernier dinosaure.

Alors ? Alors il a découvert que, voici déjà trois ou quatre mille ans, on dessinait déjà des dragons tout pareils aux nôtres. En Chine. Des dragons effrayants, crachant le feu, montrant leurs dents, tordant leur queue fourchue, griffus des quatre pattes. Les premiers qu'un homme ait jamais dessinés, imaginés. Mais d'où sortaient-ils, ces monstres ? Il avait bien fallu que quelque chose en ait donné l'idée au premier raconteur d'histoires chinoises, qu'il y ait eu, quelque part, un commencement de description. Le journaliste a cherché encore, et il trouve : l'origine du dragon, c'est le varan de Komodo !

C'est évident. Nous, Européens, nous l'avons découvert à la fin du siècle dernier. Un lord britannique, très riche, se promenait en mer de Chine pour son plaisir. Touriste explorateur amateur, comme il y en avait à l'époque.

Un jour, on lui raconte qu'il y a, dans certaines îles du Pacifique, un animal comme ça et comme ça, qui a un appétit si épouvantable qu'il mange un cerf en quatre bouchées. Toute la description du dragon des dessins chinois y était, sauf le feu qui sort de la bouche. Mais ces monstres, lui disait-on, avaient une haleine si atroce qu'on tombait en la respirant après quoi ils vous dévoraient.

Notre lord haussa les épaules. Trois mois après on lui apporte deux peaux de ces phénomènes.

C'étaient des peaux de lézards, mais de lézards immenses : cinq mètres de long.

On ne savait pas, à l'époque, que les longueurs des peaux ne prouvent rien : ceux qui vous les vendent peuvent tirer dessus et les allonger indéfiniment. Vous trouverez par exemple des peaux de serpents de douze mètres alors qu'on n'a pas encore vu, vivant, un seul serpent de plus de neuf. Bref, notre lord s'étonne, envoie ses peaux au British Museum où on les reconnaît : c'étaient des peaux de varans, mais de varans encore inconnus.

Le varan est un grand lézard, de près d'un mètre de long, qu'on trouve en Égypte surtout, aux bords de quelques fleuves d'Afrique. Un grand lézard, mais bien plus petit que ceux dont il avait envoyé les peaux.

Où étaient-ils ? L'Anglais se renseigne, on lui dit qu'il habite Komodo, et aussi Bornéo, deux îles de par là-bas.

Il donne beaucoup d'argent, on lui en apporte deux bien vivants, d'un mètre cinquante chacun.

C'étaient des varans de Komodo tout jeunes. De gros lézards avec des plis au cou, une petite tête à l'œil mauvais, une grande queue, de fortes pattes, un appétit énorme et des digestions difficiles car ils dormaient profondément, sitôt avalée leur ration de viande.

Comme notre lord avait envie d'avoir la paix, il fait nourrir et nourrir encore ses varans de Komodo si bien qu'ils ont dormi tout le temps pendant le voyage vers l'Angleterre où les gardiens du British Museum les ont fait manger encore plus, de sorte qu'ils sont devenus gras comme de gros cochons et gentils comme tout. Mais c'étaient quand même des varans de Komodo, ces monstres dont toute la Chine parlait...

Alors on y est allé voir, et on a su la vérité sur ce lézard phénoménal. Il a, au plus, trois mètres de long, et sa gueule, comme celle des serpents, peut s'ouvrir indéfiniment. Résultat : le varan de Komodo avale des bouchées énormes et — on l'a vérifié — peut effectivement dévorer un des petits cerf de l'endroit en quelques instants.

Il est méfiant, mais si gourmand qu'on peut l'attirer en lui offrant un appât, une chèvre, par exemple. Il se promène lentement, en dressant sa petite tête aux yeux de serpent, mais il est capable de foncer très vite. Ce qui explique (si elle est vraie), l'histoire du Monsieur qui, récemment, aurait été mangé par un varan de Komodo. Il vit dans des tanières, de petites grottes, tout seul semble-t-il. Pas bien malins (les lézards ont un tout petit bout de cerveau) mais capables de créer une hiérarchie entre eux : on a vu un varan, en train de manger une chèvre, laisser sa place à un autre.

Actuellement, Komodo est interdite aux chasseurs. Seuls les zoologues et avec une autorisation spéciale, peuvent y entrer. Mais ils étudient le varan de cette île, qui y a survécu sans doute parce qu'il n'y avait là, aucun gros mammifère pour le manger. En tout cas une chose est sûre : ce lézard-là, est le grand-père des dragons, dont la grand-mère est notre imagination.

Car les commerçants chinois naviguaient depuis très longtemps entre les îles du Pacifique. On a dû leur raconter qu'il y avait, quelque part là-bas, un animal extraordinaire, un lézard énorme. Ils seront revenus avec leur histoire, ils l'auront racontée en l'enjolivant un peu. Les raconteurs d'histoires, l'entendant, auront adopté ce monstre en le faisant de plus en plus grand, de plus en plus terrifiant chaque fois, si bien qu'au bout de quelques dizaines d'années le dragon des légendes est apparu sur les dessins chinois, avec son aspect redoutable.

Les histoires de dragons auront cheminé à travers l'Asie, avec les caravanes qui transportaient la soie, elles seront arrivées en Asie mineure où ces caravanes rencontraient des marchands d'Europe, et le dragon est arrivé ainsi chez nous, monstre hideux de nos légendes, mais fils de notre besoin de merveilleux. Pendant ce temps, le brave varan de Komodo vit dans ses forêts, sans se douter de sa popularité parmi les hommes...

Le cerf, quand on le laisse tranquille...

Vous connaissez les cerfs, vous les aimez, et vous êtes tout contents quand les gens d'un village empêchent les chasseurs à courre de tuer celui qu'ils ont poursuivi. Car c'est honteux, de se mettre à vingt cavaliers, avec trente chiens, pour pourchasser un pauvre cerf qui ne vous a rien fait, de le saigner lorsqu'il est épuisé.

Bien sûr, les chasseurs à courre (on les appelle les « veneurs » et leur bande est un « équipage ») ont des gardes-chasses qui protègent leurs cerfs et, sans eux, cet animal aurait probablement disparu de nos bois, fusillé par les braconniers. Bien sûr aussi, la chasse à courre revient bredouille deux fois sur trois. Bien sûr enfin, ils ne « prennent » (c'est ainsi qu'il faut dire) que les cerfs prévus sur le « plan de chasse » et qu'il faut supprimer sinon il y en aurait trop, dans cette forêt-là. Tout cela est vrai. N'empêche que la chasse à courre est un jeu barbare. Les amis des bêtes ne seront satisfaits que lorsqu'elle aura disparu.

Cela dit, comment vivent les cerfs ? En l'apprenant, vous allez découvrir un français que vous ne connaissez pas. Un très vieux français, celui de la « vénerie », que les « veneurs » emploient entre eux. Si je vous dis, par exemple que « le quatrième tête jeunement, qui était au ressui quand j'en ai eu connaissance est maintenant à la reposée où je l'ai vu par corps », vous vous demanderez de quoi je parle. Voilà la traduction : « Le cerf de cinq ans, qui se faisait sécher dans une clairière parce qu'il avait plu, quand j'ai vu ses traces, est maintenant en train de se reposer, je l'ai vu de mes yeux. » Rassurez-vous, je n'emploierai pas cette langue bizarre pour vous parler des cerfs mais, de temps en temps, je mettrai entre parenthèses le mot qu'il faut utiliser, si on veut avoir l'air de s'y connaître.

Et encore méfiez-vous : les chasseurs à courre (les veneurs) sont effroyablement snobs, leur langage fait partie de leur snobisme et mieux vaut se taire quand on parle de chasse avec eux.

Le cerf naît dans un fourré où sa mère, la biche, s'était cachée pour mettre bas. Quelques heures avec elle, et le voilà sur pattes, capable de la suivre vers la horde, que commande une biche pleine d'expérience.

Tout le monde obéit à cette vieille dame, même les jeunes qui n'ont pas encore mis leurs bois (les « hères », d'où nous avons tiré l'expression « pauvre hère ! »), même ceux qui, en fait de bois, n'ont qu'une petite pointe sur la tête (on l'appelle la « dague » et ce sont des « daguets »), même les cerfs de deux ans (les « premières têtes » parce qu'ils ont « mis leurs bois » pour la première fois), de trois ans (les « deuxièmes têtes »), de quatre ans (« troisièmes têtes), de cinq ans (« quatrièmes têtes jeunement ») et de six ans (« quatrièmes têtes »).

C'est la biche qui se lève la première pour aller brouter (« viander »), boire à l'étang, se reposer (« aller à la reposée »), se sécher au soleil quand il a plu (« aller au ressui ») et qui, d'un bref bêlement, donne le signal d'alarme quand quelque chose lui a fait peur. Tout le monde est à ses ordres, même les mâles, parce qu'elle est vieille, qu'elle sait tout ce qu'un cerf doit savoir, et qu'elle a compris un tas de choses, vu qu'elle avait à s'occuper de son faon.

Cela durera ainsi toute l'année, jusqu'en novembre, moment du brame. Mais, entre-temps, les cerfs auront eu bien du souci. Leurs bois sont tombés. Et bien de la joie : ils ont repoussé.

Les bois, la ramure du cerf (qu'il ne faut jamais appeler des Cornes) tombent régulièrement chaque année. Quelquefois les deux ensemble, d'autres fois séparément, quittant en laissant une cicatrice ronde, sanguinolente, qui sèche très vite. Tombés, on les appelle « la mue » et certains font collection de ces mues qu'ils ramassent en forêt pour les réunir dans des maisons qu'on appelle des « muettes », comme La Muette, en bordure du bois de Boulogne, où il y avait beaucoup de cerfs, il y a trois cents ans.

Bois tombés, désarmé, le cerf a honte. Il se cache, quittant la horde que conduit la biche, terré dans les buissons, fiévreux, inquiet. Mais ils repousseront bientôt, plus grands d'un « andouiller » (ce sont les pointes, les embranchements de cette ramure) chaque année. C'est pour cela qu'on dit

« première, deuxième, troisième tête, etc. », et qu'on peut reconnaître l'âge d'un cerf au développement de ses bois.

Si vous voulez avoir l'air tout à fait calé dites : « C'est une tête bizarde » quand vous voyez des bois pas tout à fait normaux, et n'oubliez pas que l'andouiller pointu, qui pointe vers l'avant, au bas de chaque bois, s'appelle l'« andouiller de massacre », parce que quelquefois, le cerf s'en sert pour perforer le chien qui s'est approché trop près. Un « dix-cors » a des bois qui, à eux deux, ont dix andouillers.

Mais la saison avance, et voilà les bois repoussés. Ils sont d'abord vivants, irrigués, pleins du sang qu'apportent les artères et que ramènent les veines. Et tout pelucheux, recouverts d'une peau qu'on appelle le « velours ». On dit que le cerf est « en velours ».

Ce velours va peu à peu tomber, s'effilocher. Cela démange le cerf qui, pour s'en débarrasser, frotte ses bois contre les troncs. On dit qu'il « fraye au bois » et que, plus le cerf est grand, plus il choisit de gros arbres pour « frayer ».

Maintenant, les bois sont nus, tout blancs. Peu à peu, le sang va s'en retirer, ils deviendront alors noirs, et superbes. Le cerf en est tout fier et balance sa ramure comme s'il savait qu'elle est si belle. En fait, il fait le malin, il roule des mécaniques, car il va s'agir de choses sérieuses.

Voilà novembre, décembre et le brame. C'est le cri que lance le cerf pour provoquer ses rivaux et se battre avec eux, car le vainqueur régnera sur les biches pendant la saison des amours. Un cri bouleversant, profond, dramatique, indescriptible. Le cerf le lance, cou tendu, tête relevée, dans la forêt. Un autre lui répond, là-bas, très faiblement parce qu'il est loin. Il a entendu le brame, compris que c'était un défi, il vient se battre. Ils brameront jusqu'au moment où les voilà face à face.

Alors c'est le combat terrible, bois s'emmêlant, cerfs se dégageant, chargeant encore. Il peut durer des heures, dans le brouillard des bois et toujours le vaincu s'enfuit.

On vous racontera que les cerfs se battent jusqu'à la mort, mais ce n'est pas vrai. Ce qui est exact, c'est qu'on a trouvé — c'est très rare — les cadavres de deux cerfs couchés par terre, bois enlacés, morts. Leurs ramures s'étaient emmêlées et ils n'ont pas su s'en dépêtrer. Ils sont morts tous les deux, mais sans faire exprès.

Le brame continue plusieurs semaines, puis les vainqueurs se mettent à la recherche des biches. C'est facile : elles n'attendent que ça, à ce moment de l'année.

Notre cerf va donc en réunir le plus qu'il peut et, pendant toute une période, chef de sa petite troupe, il vivra en pacha, ne faisant que féconder ses biches. Mais en pacha très occupé, car il les surveille impitoyablement, lançant un nouveau brame pour rappeler à leur devoir celles qui s'écartent, chargeant férocement le jeune cerf qui oserait s'approcher de sa harde. Il ne mange absolument pas, à ce moment, boit hâtivement dans quelque mare puis relève la tête et surveille son sérail, qu'on appelle alors le « harpail ». Les biches lui obéissent en tout, même la meneuse qui autrefois commandait tout le monde, si elle fait partie du « harpail ».

Et puis, peu à peu, tout se calme. Chaque biche,

fécondée, rejoint la harde, la biche meneuse reprend le commandement, les cerfs, autrefois si farauds, ne pensent plus à se battre. Ils la suivent, et tout recommencera jusqu'à l'année prochaine.

Certains, âgés, « grands vieux cerfs », s'isoleront peu à peu. On les verra d'abord près de la harde, et, plus tard, tout seuls dans le bois. Solitaires comme les vieux sangliers et comme eux accompagnés souvent d'un jeune, qui leur tient compagnie... et que les chiens poursuivent peut-être à leur place, s'ils ont le malheur d'être pourchassés par une chasse à courre.

Vous le voyez, les cerfs ne font de mal à personne. Aux cultures qui entourent les bois cependant, quand ils sont trop nombreux. C'est la seule justification de leur chasse, mais ça n'excuse pas la chasse à courre, qui torture inutilement le malheureux cerf, pour le plaisir de quelques riches snobinards.

Comment se passe une chasse à courre

J'espère bien que vous ne participerez jamais à une chasse à courre et que, quand vous serez grands, ces horreurs auront disparu, mais je vais quand même vous raconter comment ça se passe. Barbare ou pas, c'est pittoresque.

Le maître d'équipage a décidé que demain on lancerait (ça veut dire « on chasserait ») un cerf. Autrefois, ce maître d'équipage était un Monsieur très riche avec un château et plein de terres autour. Maintenant c'est souvent le patron d'une association où l'on paie tout à frais communs car chevaux et chiens coûtent cher, sans parler des valets... Bref M. le maître d'équipage a décidé qu'on courrait le cerf. Mais quel cerf ?

Car on ne court (poursuit) pas les biches ni les daguets, et on ne va pas mener dans les bois une foule de chevaux, de chiens, de belles dames et de beaux messieurs en uniforme (on dit qu'ils « ont le bouton » qui signifie qu'ils appartiennent à l'équipage) sans savoir si on rencontrera un cerf convenable, et lequel, et où il est.

Alors, le matin, à l'aube, des « valets de limier » ont « fait le bois ». On les appelle « valets de limier » parce que leurs chiens — les limiers — sont dressés à ne pas crier (on dit « crier » quand il s'agit de chiens courants, les chiens vulgaires, les vôtres, le mien « aboient ») quand ils sentent un cerf. Simplement ils tirent plus fort sur la laisse et le valet comprend.

Les voilà donc partis à travers bois, chiens devant eux. A un moment donné, le chien sent un cerf dans le coin. Alors le valet regarde par terre, les traces de ce cerf, ses « laissées » (ses crottes), les branches qu'il a cassées en venant là, bref un tas de signes, incompréhensibles pour vous ou moi, qui lui disent l'âge du cerf, et toutes ses particularités. Et il revient sans faire de bruit, pour ne pas déranger le cerf qui « est à la reposée » et ne bougera sans doute pas jusqu'à huit, neuf heures du matin.

Pour bien retrouver l'endroit, il a cassé des branches, « fait des brisées ». De là est venue l'expression « marcher sur les brisées de quelqu'un » qui veut dire « faire comme lui en essayant de prendre sa place ». Car il arrivait que des valets de limier, qui n'avaient pas vu le moindre cerf, découvrant les « brisées » d'un collègue soient vite revenus vers le maître d'équipage en s'attribuant la gloire de sa découverte.

Alors, c'est le « rapport ». Le maître d'équipage, bombe sur la tête (c'est la casquette plombée des cavaliers), accompagné de son principal invité (découvert) reçoit gravement, debout, les valets de limier qui, découverts, gants posés sur leur bombe, racontent chacun ce qu'ils ont trouvé. « Monsieur, j'ai vu par corps (vu de mes yeux) un cerf comme ça et comme ça... » ou « Monsieur, j'ai connaissance (je sais qu'il est là) un cerf de telle nature... »

Ridicule ? Oui, mais ils sont drôlement calés, ces valets. Ils n'ont pas vu le cerf mais à ses traces, à ses crottes, et selon l'heure qu'il était, à l'endroit où il se trouvait, à des riens du tout, ils ont deviné qu'il s'agissait d'un « quatrième tête » d'un « dix-cors » ou d'un misérable daguet trop jeune pour être chassé...

Là-dessus, monsieur le maître d'équipage décide qu'on chassera tel cerf, on sonne un petit air de cor de chasse et c'est parti, beaux messieurs et belles dames galopant derrière le maître d'équipage (il serait très mal poli de le dépasser) valets suivant, chiens criant au bout de leurs laisses, qu'on détachera bientôt, au moment du « laissez courre », quand le cerf, comprenant qu'on l'attaquait se « met sur pieds » (se lève) et quitte son « fort » (la partie du bois où il se reposait).

Dès lors la chasse va se dérouler ainsi : devant, le cerf qui fuit, derrière lui, nez sur les traces qu'il a laissées reniflant son « sentiment » (son odeur) les chiens suivent sa « menée » (sa route). Loin derrière, le maître d'équipage et les chasseurs, galopant tout ce qu'ils savent, certains sonnant du cor, pas pour faire joli, mais pour signaler aux autres où en est la chasse.

Il y a une « sonnerie » (un air) pour chaque « bête de chasse », même pour le lapin ! C'est *le Bon Roi Dagobert,* qui n'a jamais mis sa culotte à l'envers vu qu'il n'en avait pas, de culotte, mais dont l'air a été écrit au début du xviiie siècle, sur lequel on a mis les paroles que vous savez. Mais imaginez-vous cela, un malheureux petit cul-blanc (c'est le nom du lapin, pour les chasseurs) poursuivi par une chasse à courre ?

Chaque circonstance a son air, sa sonnerie : le « lancer », le « bien aller » (quand tout se passe bien), la « vue » (quand on voit le cerf), le « défaut » (quand on l'a perdu), cent autres...

Car il ruse, le pauvre cerf. De beaucoup de façons. Revenir sur ses propres traces et sauter de côté est sa plus simple astuce. « Donner le change » est plus malin : il file dans la forêt, se « forlonge » (sort du massif forestier), « prend les grands devants » (beaucoup d'avance sur les chiens), rattrape un congénère, le force à se lever et galope un moment à côté de lui. Les chiens, là-bas derrière, confondront sa trace, son odeur, avec celle du collègue et se mettront à le poursuivre.

Mais la règle exige qu'on prenne « la bête de chasse » et pas une autre. Alors, dès que le maître d'équipage s'aperçoit que le cerf a « donné » et que les chiens ont « pris le change », on arrête tout et certains chiens spécialisés, les « chiens de change » se mettent à tourner en rond, nez par terre en poussant de petits jappements, pour retrouver la bonne trace. Les autres les regardent faire en se grattant les puces et les veneurs en se racontant des histoires idiotes dans leur langue. Enfin, un chien de change a retrouvé la piste du cerf voulu, lance un cri, et tout repart.

D'autres fois, le cerf, pour bien faire perdre son « pied » (sa trace) va tout bonnement rejoindre la harde et s'y mêle. Allez le retrouver là-dedans ! Il faut le « déharder » et c'est difficile. La seule chose réconfortante dans tout cela, c'est que, plus de la moitié des chasses finissent sans qu'on ait « pris » la bête. Bredouilles, et c'est bien fait.

Car la fin est atroce. Le cerf, court depuis des heures, est fatigué maintenant, et ça se voit. Il « porte la hotte » (il est bossu), il va moins vite.

Finalement, essoufflé, n'en pouvant plus, il « fait tête » (il s'arrête devant les chiens qui l'entourent). Il est « aux abois ». C'est l'« hallali » (on ne sait pas d'où vient ce mot, peut-être d'« Alleluia » parce que les chasseurs sont contents, peut-être d'un cri en arabe...)

On le tue, on donne ses entrailles à manger aux chiens, c'est la « curée » et on revient en se racontant des histoires de chasse.

Ils étaient vingt, à cheval, ils avaient trente chiens, et ils trouvent qu'il y avait de quoi se vanter, sans se douter qu'ils sont aussi grotesques qu'odieux.

Alors, si par hasard un pauvre cerf poursuivi passe devant votre jardin, si vous avez le temps d'ouvrir la porte, vous savez ce qui vous reste à faire...

L'incroyable odyssée du saumon

Le saumon, si délicieux sur nos assiettes, a donné bien des tracas aux zoologues. Ils ne savaient pas d'où il sortait ni pourquoi cet habitant de la mer venait se faire prendre dans nos rivières. Quand on a fini par découvrir la vérité, il a fallu des années pour y croire.

Car le saumon naît, petit poisson de rien du tout, près des sources de certaines rivières bien claires. Des gaves qui se jettent dans l'Adour, des affluents du haut Allier, ou de certains fleuves de Bretagne ou de Normandie. Il grandit doucement, baptisé « tacon » dans l'Allier, « tocan » dans les gaves. C'est un poissonnet comme les autres, qui nage en bande avec ses frères. Trois ans vont passer ainsi.

A ce moment, les jeunes saumons s'en vont. Peut-être parce que leur rivière ne leur donne plus assez à manger, peut-être à cause d'un mystérieux appel héréditaire qui les force à descendre son cours.

Ils filent dans le courant, prennent l'Allier ou l'Adour, puis la Loire s'ils étaient de l'Allier, arrivent à Saint-Nazaire ou Bayonne... et disparaissent. Plus de petits saumons... On les verra revenir trois ans plus tard, dix fois plus gros. Que s'est-il passé ?

On a imaginé mille trucs pour le savoir. Même de leur attacher, sur le dos, une petite boîte d'où, toutes les dix minutes, s'échappait une poudre fluorescente qui montait et tachait la mer. Finalement on a compris.

D'abord, pendant six mois à peu près, les jeunes saumons vont rester assez près des côtes, sur ce qu'on appelle « le plateau continental ». Ils se gavent des crevettes qui donneront la couleur rose à leur chair. Ensuite, ils rencontrent le hareng, plus intéressant parce que plus gros, et le suivent.

Au diable : on retrouve au large de l'Islande, ou près de Terre-Neuve, les saumons marqués à Saint-Nazaire ! Ils vont passer trois ans ainsi, mangeant le hareng, la crevette, grandissant, devenant de grands saumons de deux mètres, contents au possible en haute mer.

Soudain, quelque chose se passe : il faut rentrer à la maison. En fait, leurs organes sexuels se sont développés, ils sentent confusément que le moment de se marier est arrivé. Alors ils reviennent.

D'abord, se dirigeant d'après la position du soleil, les saumons qui naviguaient entre Terre-Neuve et l'Islande filent tout droit vers le sud. Comment savent-ils que la France est au sud et que la promenade du soleil d'est en ouest, dans le ciel, vous indique le chemin ? Mystère. Mais ils filent sud avec entrain.

Et puis, tout à coup, les grands saumons, à des centaines de kilomètres de la côte française, virent vers l'est et gouvernent vers l'embouchure du fleuve où se jetait leur rivière natale. Vers Saint-Nazaire s'ils étaient nés dans l'Allier qui se jette dans la Loire, vers Bayonne s'ils étaient nés dans un des gaves affluents de l'Adour.

Ils ne ratent jamais cette entrée. On a pris des « tocans » dans l'Adour, au moment où, tout jeunes, ils descendaient leur rivière pour aller dans l'Océan, on les a marqués et transportés dans l'Allier. Ils ont descendu l'Allier, la Loire, ils ont passé trois ans dans l'Atlantique et on les a retrouvés... dans l'Adour. Ils ne s'étaient pas trompés d'embouchure.

Il y avait de quoi surprendre les zoologues. Ils ont fini par admettre que, en plein Océan, à des centaines de kilomètres de l'embouchure de la Loire ou de l'Adour, ce poisson était capable de reconnaître le goût de l'eau de « leur » rivière. Il n'y avait pas d'autre explication mais c'est effarant.

Comparez le nombre de litres d'eau que la Loire ou l'Adour jettent chaque jour dans l'Atlantique aux milliards de milliards de litres de cet océan. Il en reste un pourcentage dérisoire, infinitésimal. Pourtant le saumon qui descend de Terre-Neuve retrouve la saveur de « son » eau, dont il y a quelques particules par milliards de litres d'Atlantique.

Il tourne vers l'est, et revient à la côte, guidé par ce goût de « son » eau qui devient de plus en plus fort au fur et à mesure qu'il s'approche de l'embouchure.

Là une nouvelle vie commence. Depuis trois ans il habitait l'eau salée, mangeait tant qu'il pouvait, faisait ce qu'il voulait. Maintenant, il va nager en eau douce, ne rien faire que remonter le courant pour retrouver l'endroit où il est né jadis, et il ne mangera plus rien.

On le prend à la ligne et cette ligne a un appât ? Le saumon n'essaie pas de l'attraper pour le manger, mais pour s'en débarrasser, un peu comme nous chassons une mouche de la main quand elle nous ennuie. Son seul souci : remonter jusqu'à la source où il est né.

C'est la « montaison ». Les grands saumons nagent à contre-courant, se reposent de temps en temps, toujours aux mêmes endroits qu'on appelle des « pools » où on en voit souvent plusieurs ensemble. Non qu'ils naviguent en troupe, mais parce que ça s'est trouvé comme ça.

Ils franchissent les cascades en bonds étourdissants, prennent les « échelles à saumons » qu'on a installées près des barrages, qui sont de véritables escaliers. Ils remontent, remontent toujours.

De temps en temps, ils prennent un passager clandestin : la lamproie, un grand poisson primitif, très ancien, mal fichu, qui n'a pas de bouche mais une sorte de ventouse, et n'est pas assez fort pour sauter les obstacles. Quand la lamproie se trouve en panne au pied d'une cascade trop haute pour elle, elle attend l'arrivée d'un beau saumon, se colle à lui par sa bouche-ventouse et se fait transporter jusqu'en haut où, tranquillement, elle se décroche et recommence à voyager pour son compte car elle remonte, elle aussi, vers la source.

Et le saumon remonte, remonte encore. Sans se tromper. Quelquefois, certains de ceux qui doivent aller aux sources de l'Allier ratent le confluent de cette rivière et de la Loire, à Bec-d'Allier. Très vite ils s'aperçoivent que l'eau n'a plus le même goût, virent de bord, reviennent à Bec-d'Allier et reprennent leur rivière. Et ils remontent toujours, femelles au ventre gonflé d'œufs et mâles plus pressés encore, comme s'ils ne voulaient pas manquer la fête.

Car c'en est une. Quand enfin les grands saumons sont arrivés dans leur rivière, là où l'eau est bien claire, bien rapide, là où ils sont nés il y a six ans, on voit un spectacle incroyable. Un grouillement de saumons qui font bouillonner l'eau, qui se cognent, qui tourbillonnent. Une danse de démons. Que se passe-t-il, là-dessous ?

Les femelles doivent pondre, après quoi les mâles féconderont leurs œufs. Mais pas n'importe comment. Il faut d'abord que l'eau soit propre. C'est pour cela qu'ils sont nés à cet endroit où ils vont se reproduire. Ensuite, il est nécessaire que les œufs soient dans le sable, où ils mûriront avant d'éclore sans risquer d'être mangés par les bêtes de la rivière.

Alors, elles creusent, du bout du nez, un petit fossé dans ce sable, se posent au-dessus, pondent, et les mâles viennent vite prendre leur place dans le fossé pour déposer leur frai qui fécondera ces œufs. D'où ce pandémonium de saumons qui s'agitent.

D'autant plus que rien n'est simple dans ces cas-là, même chez les saumons. Il arrive que le mâle qui attend pour féconder ses œufs, ne plaise pas à la femelle qui pond. Pourquoi ? Allez savoir ! En tout cas on a vu des femelles chasser furieusement le grand beau saumon qui s'approchait pour faire son métier de mâle, pour confier le soin de féconder sa ponte à un autre qui n'osait pas...

Ce grouillement indescriptible s'achèvera enfin. Maintenant les grands saumons vont mourir. Flasques, épuisés, vidés, n'en pouvant plus car ils n'ont rien mangé depuis l'Océan et la montaison est fatigante, ils se laissent emporter par le courant, s'échouent sur le sable du bord, crèvent là, ou bien la loutre, le brochet, tous les mangeurs de poissons de la rivière, les tuent et les mangent.

Sur cent, quatre ou cinq survivront par hasard, qui vont descendre, ballottés par l'eau, jusqu'à l'embouchure, jusqu'à l'Océan. Là, ils reprendront force et courage, se gavant de harengs, de crevettes, grandissant encore. Et ils reviendront l'année prochaine. On les appelle « béquards » parce que la mâchoire inférieure de ces vieux saumons s'est développée et leur fait une sorte de bec.

Les bettas et la politesse

Avez-vous des bettas ? Ce sont ces petits poissons d'aquarium qui ont toujours envie de se battre. Ils nous viennent de Chine, ainsi que la plupart des poissons d'ornement, et là-bas, on les fait se battre, comme certains Français et certains Belges, hélas, font combattre leurs coqs.

Nous regarderons simplement vivre les nôtres : cela nous apprendra comment sont nés le sens de la propriété privée et celui des rangs, des castes, dans nos sociétés. C'est important : les poissons vivaient bien avant les animaux de terre ferme, ce qu'ils font préfigure ce que feront les autres. Si vous voulez, ces très anciens personnages ont découvert des façons de vivre que nous avons gardées. A tort ou à raison mais c'est une autre histoire.

On va commencer par une expérience. Mettez un betta dans un grand aquarium : il s'y promènera, superbe, tout fiérot, décidant que cette masse d'eau est à lui. A lui tout seul. Là-dessus, vous en mettez un autre.

Vont-ils se partager l'aquarium ? Ce n'est pas si simple. D'abord ils se battront comme des chiens : et je te flanque un coup de queue sur la figure, et je te mords la nageoire, et je recommence. Si l'aquarium était trop petit pour deux, ils se battraient jusqu'à la mort. Mais nous en avons choisi un grand. Alors il y aura un vainqueur et un vaincu, et le vaincu pourra se retirer dans un coin de l'aquarium où l'autre le laissera tranquille surtout s'il y a des plantes ou des rochers. Un coin, avec assez d'eau pour que le vaincu puisse aller et venir un peu. Ils sont fatigués tous les deux.

Mais notre vaincu est un betta, donc un combattant, un fichu caractère. Il se dit que ça ne peut pas durer comme ça, profite d'un moment où son vainqueur passe près de son coin, et l'attaque.

Alors, phénomène nouveau : le vainqueur se dit sans doute qu'il est entré sur le territoire de son voisin, qu'il est dans son tort. Il se bat encore (c'est un betta-combattant), mais moins courageusement. Il recule, l'autre le poursuit. Les voilà au milieu du grand territoire que le premier considérait comme son domaine.

Là tout change à nouveau. Il se sent chez lui, reprend force et courage, attaque, repousse son agresseur qui, ne se sentant plus chez lui, recule. Les revoilà dans le domaine du premier vaincu.

Celui-ci y retrouve sa combativité, réattaque, rechasse l'autre jusque dans son territoire. Ce va-et-vient en bataille durera jusqu'à ce que les deux poissons n'en puissent vraiment plus. A ce moment, ils se sont partagé l'aquarium.

Chacun sait que, de l'autre côté d'une ligne imaginaire, son voisin, étant chez lui, le combattra avec autant de violence que s'il avait bu la potion magique d'Astérix. La paix se fait, parce qu'il y a cette frontière.

Chacun de nos deux bettas se contentera de parader le long de la ligne imaginaire, en prenant des airs fanfarons, mais sans la franchir. Le problème est ainsi réglé une fois pour toutes.

C'est ainsi qu'il y a des millions et des millions d'années, est née l'idée de la propriété privée. Née de batailles, mais qui les a évitées ensuite puisque dorénavant, aucun betta n'ira chez l'autre. Si vous voulez une comparaison : on s'est battu comme des chiens, les Allemands et nous, jusqu'au jour où on a décidé que la frontière passerait là et là. Alors, on s'est calmés.

Maintenant, nous allons voir naître l'organisation sociale. La hiérarchie, les rangs. Non que je vous les donne en exemple. Nous sommes assez contents, nous autres Français, d'avoir inventé la formule : « Tous les hommes naissent libres et égaux. » Chez les bêtes, ce n'est jamais la même chose et c'est précisément ce qui fait la différence. En tout cas, les bettas ont découvert la politesse.

La première expérience se passait entre deux bettas adultes. Maintenant, prenons un très grand aquarium (sinon il y aurait massacre tant ils ont mauvais caractère) où nous ferons naître et vivre une dizaine de bettas. Ainsi, ils acceptent d'être ensemble. Le territoire, l'aquarium, leur est commun.

Encore faut-il s'organiser, savoir qui « domine » qui, et qui est « dominé » par qui. Cela se fait à la course.

Vous verrez vos minuscules poissonnets, à peine

sortis de l'œuf, filer côte à côte, à toutes nageoires, d'un bout à l'autre de l'aquarium. Pour s'amuser ? Non : pour fixer les rangs. Le vainqueur final dominera le numéro 2, qui dominera le numéro 3, etc.

A quoi reconnaît-on vainqueurs et vaincus, dominants et dominés ? A leur position dans l'eau. Le grand caïd, Number One, se tient absolument horizontal, parallèle à la surface, le second un peu en biais, queue plus basse que la tête, le troisième encore plus en biais, etc. La différence entre le premier et le dernier est, on l'a calculée, de 8 degrés.

Et ils y tiennent, ces bettas ! Quand, mégarde ou bravade, un des poissons ne prend pas l'angle de son rang, un supérieur arrive, lui flanque un coup de queue sur la figure et l'autre rectifie aussitôt. Ça vous paraît absurde ? Dites : quand vous rencontrez une grande personne, qu'est-ce que vous faites ? Vous la saluez... Alors ?

L'intelligence des corbeaux

Il n'y a que très peu de « grands corbeaux » en France. Seuls de la famille, à avoir droit au nom de « corbeau », ils ressemblent beaucoup aux nôtres, mais en plus grand : un mètre quatre-vingts d'envergure... Ces puissants personnages n'arrivent dans nos plaines du Nord et de l'Est qu'en hiver, quand le vent les y a apportés. Le reste du temps, ils vivent en Europe centrale et plus loin encore.

L'oiseau que nous appelons corbeau n'en est donc pas vraiment un. Il s'agit, selon les cas, de corneilles noires, toutes noires, de corneilles mantelées, avec leur petit manteau de plumes grises, de freux qui vivent dans les tours et les châteaux en ruine, de choucas ou de chocards, habitants de la montagne. Mais tous, à quelques variantes près, ont les mêmes façons de vivre. J'emploierai donc le mot « corbeau » pour les désigner, quoiqu'il ne soit pas tout à fait le bon. Il aurait fallu dire « corvidé » en précisant l'espèce, mais ç'aurait été très laid.

Nos corbeaux, donc, vivent en bandes, supérieurement organisées. C'est nécessaire quand on est jusqu'à dix mille ensemble, comme dans les corbeautières du Beauvaisis.

Une corbeautière, c'est un bouquet d'arbres très hauts, isolés le plus souvent au milieu d'une grande plaine : on y voit bien les alentours d'où peut venir le danger.

En haut de chaque arbre, un nid fait de branchettes et de brindilles entrelacées, moins finement construit que les nids des petits oiseaux, mais fameusement accroché car il tient par les pires tempêtes, sur sa branche secouée par le vent. Les corbeaux vivent là pendant toute la saison des nids. En couples car les ménages sont mariés pour la vie.

Ce sont les dames qui font la cour aux messieurs, dans cette espèce. Gentiment : en se posant près de lui et en lui lissant les plumes de la nuque. Un autre geste d'amitié des corbeaux consiste à nettoyer, du bec, le tour des yeux de son copain. Quand ils aiment bien un homme, les corbeaux le lui expliquent de la même façon. On me l'a fait et c'est assez impressionnant, ce gros bec noir qui vous nettoie les cils...

Pourquoi ces deux gestes ? Parce que les corbeaux, très propres, font leur toilette comme des chats, et que le tour des yeux et la nuque sont les seuls endroits que leur bec ne peut pas atteindre.

Ils sont mariés pour la vie, et ça durera vingt-cinq ans car le corbeau vit très longtemps, mais ça n'empêche pas les drames sentimentaux. Il arrive qu'un monsieur corbeau abandonne sa compagne pour une jeune personne qui lui plaît et avec qui il ira vivre au loin, qu'une dame corbeau file avec un beau gars tout noir. Il arrive aussi que le fugitif, ou la fugitive, revienne à la maison après quelques années d'amour fou.

Tout cela, on le sait par Konrad Lorenz, qui parle corbeau comme on parle français ou anglais, et sait tout de leurs mœurs, ami des corbeaux au point que j'ai vu, un jour d'été, sur les bords du Danube, un grand corbeau arriver du fond du ciel, tourner autour de Lorenz en croassant puis se poser sur son épaule après quoi ils ont eu une grande conversation en croâ et en pschh-pschht. C'était un copain à lui, voilà tout, qui paraît-il avait quitté son ménage et revenait.

Voilà donc nos couples en train de construire leurs nids au sommet d'arbres vertigineux, ou de réparer celui de l'année dernière. Ça ne se passe pas sans discussions car les corbeaux — les femelles surtout — ont la manie de chiper des branchettes au nid de la voisine et ça se chamaille dur, là-haut.

Nid construit ou raccommodé, on s'accouplera, on pondra et débutera la couvaison. La corbeautière commence vraiment à vivre. Aller et retour des parents qui apportent de quoi manger aux petits, chipotages entre voisins, cris de fureur quand une buse ou un chat ose s'approcher, une partie du vocabulaire corbeau y passe, particulièrement riche en injures. On entend aussi des gazouillis beaucoup plus doux : les mères corbeaux bavardent avec leurs petits.

Les voilà grands, à présent, capables de voler. Ils vont suivre papa et maman dans les prés où il y a un tas de choses à manger, de la petite souris au ver de terre. Car on vit en famille et on ne retrouve les autres qu'à la corbeautière qui d'ailleurs sera bientôt abandonnée (on n'a plus besoin des nids puisque les corbeautins sont élevés) pour le « dortoir ». Le dortoir, c'est un autre bouquet d'arbres, souvent en lisière de forêt, où tout le peuple corbeau passe la nuit.

Un peu avant le moment où les corbeaux, au lieu de revenir chaque soir à la corbeautière décident de passer la nuit au dortoir, quelque chose se passe, pas très bien expliqué encore. On voit les jeunes des diverses familles se grouper, et s'en aller avec un vieux corbeau de haut rang. Puis ils reviennent après quelques jours. Pourquoi ce stage? On a envie de croire (et c'est bien possible) qu'ils apprennent là, entre eux et du vieux, tout ce que doit savoir un corbeau : les rangs, la hiérarchie, le respect qu'on doit aux corbeaux importants, la méfiance à l'égard de tout étranger, le langage, les bonnes manières. Car c'est un fait : avant ce stage, les jeunes corbeaux sont un peu tout fous, après, ils se conduisent en corbeaux sérieux.

Un détail vous donnera l'idée de leur organisation sociale. Quand, vivant en corbeautière où elles reviendront le soir, les familles corbeaux passent la journée dans les prés ou les champs pour manger, une bande reste toujours sur place, autour des nids. Si quelque rapace arrive, ou un chat, ou n'importe quoi de dangereux, cette bande le mettra en fuite. Ce sont les gardiens de la corbeautière...

Le soir, quand tout le monde rentre à la maison à peu près à la même heure, on voit la bande de gardiens prendre l'air, et survoler les familles qui rentrent. Ça croasse dur, là-haut. Que disent-ils? Le fait est que les familles se posent les unes après les autres, sans désordre. Exactement comme si les gardiens avaient donné les autorisations d'atterrissage ...

C'est pendant ces heures de jour, que la famille corbeau passe sur un pré, qu'on voit le mieux leur intelligence. Leur prudence, d'abord. Passez, les mains dans vos poches, près d'un de ces prés : les corbeaux ne bougeront pas. Portez un fusil, ou, sous le bras, quelque chose qui y ressemble, ils s'envoleront à cent mètres.

Or on tire rarement sur les corbeaux, parce qu'une cartouche coûte cher, et les jeunes n'ont jamais vu ni entendu chasser. Pourtant, ils se « mettent sur l'aile » (c'est le joli mot, en français de chasseur, qui signifie « s'envoler ») dès qu'ils voient un porteur de fusil. C'est donc que les vieux corbeaux, qui ont vécu les chasses de septembre, leur ont expliqué de quoi il s'agissait. Ou encore que le père ou la mère, qui sont au courant, se sont mis sur l'aile en voyant un chasseur et qu'en même temps ils ont lancé le cri d'alarme ou forcé les autres à prendre l'air en les survolant de très près. (Car c'est automatique : le corbeau qui veut faire s'envoler un congénère posé passe juste au-dessus de lui en croassant. L'autre s'envole immédiatement.) Peut-être enfin un corbeau de haut rang, qui n'était pas le père, a-t-il lancé le croassement d'alarme.

Car il y a toute une hiérarchie entre corbeaux, avec des oiseaux de premier rang, de seconde classe, etc. Elle doit s'établir comme celle des poulets : par de petites batailles entre jeunes. Le corbeau de rang « dominant » a le droit de donner des coups de bec au « dominé » sans que celui-ci les lui rende, et de manger avant lui quand ils trouvent ensemble une proie.

Les femelles ont leur hiérarchie, elles aussi et, lorsqu'un corbeau marié devient célibataire, que sa compagne soit morte, ou qu'elle l'ait quitté, il se remarie toujours avec une fille d'un rang inférieur au sien. Dès qu'elle a couvé, elle accède au rang de son époux, si bien qu'on voit cette brave dame corbeau donner des coups de bec et se servir, avant celles qui, la semaine dernière, la pillaient, la pourchassaient. Cela nous choque un peu, n'empêche qu'une fois ces rangs bien fixés, on ne se chamaille plus, dans la bande.

Ce qui a des conséquences bizarres. Il arrive que les corbeaux fassent beaucoup de dégâts aux cultures. Mettez une grande bande dans un champ de blé frais semé, les corbeaux viendront manger toute la semaille et il n'y poussera plus rien. Il arrive aussi que les corbeaux rendent la vie impossible aux aviateurs, en campant sur le terrain d'atterrissage, où ils trouvent toujours le moyen, quand un avion s'envole ou atterrit, de se fourrer dans ses hélices ou dans ses réacteurs, ce qui provoque des accidents.

Il faut donc chasser les corbeaux de ce champ, ou de cet aéroport. Tirer dessus ? Ils reviendront. Les empoisonner ? Ils auront vite fait de reconnaître les boulettes à la strychnine, et en tout cas il en reviendra d'autres. Un seul moyen : diffuser le cri d'alarme de l'espèce.

On l'enregistre, on le diffuse... et les corbeaux ne bronchent pas. On fait entendre ces enregistrements à des spécialistes, ils haussent les épaules :

— Vous avez, disent-ils, enregistré le cri d'alarme d'un corbeau de quatrième rang, d'un jeune. Comment voulez-vous que les autres y attachent de l'importance ?

On a enregistré des cris d'alarme de corbeaux importants et les bandes se sont poliment envolées dès que les haut-parleurs les diffusaient.

Coléreux, avec ça ! Promenez-vous, au moment des amours, avec un chiffon noir à la main. Il y aura toujours un, puis deux, puis dix corbeaux qui viendront tournailler autour de vous en croassant des insultes. Bien heureux s'ils ne vous attaquent pas : ils ont cru que vous aviez tué l'un des leurs.

Et discuteurs. Regardez, en fin d'après-midi d'été paître cette bande. Tout va bien, coups de bec dans le sol, tête se relevant pour surveiller le paysage, on est tranquille. Mais voilà qu'un des corbeaux en a assez de ce coin-là, trouve qu'il faut changer de pâture. Il lancera un croassement en « kia-â » qui signifie : « Si on allait ailleurs ? » Mais un autre a envie de revenir au dortoir, il répondra par un croassement en « kia-aô » qui veut dire : « On rentre à la maison ? » Et toute une discussion s'engagera entre corbeaux, « kia-â » et « kia-aô » se répondant, jusqu'au moment, un des points de vue s'étant imposé, on ira dans un autre pré ou au dortoir. Décision qui n'est pas prise à la majorité, mais selon l'importance, le rang social, des lanceurs de « kia-â » ou de « kia-aô ».

On peut donc dire que ces oiseaux ont un commencement de syntaxe, et qu'ils possèdent un véritable langage. Car ils ne font pas que crier de peur ou de colère, comme les autres oiseaux qui, en entendant ce cri, comprennent ce qu'il veut dire et se conduisent en conséquence, ce qui n'est que la « communication ». Au contraire, les corbeaux se transmettent vraiment leurs points de vue par un langage codé. Comme nous...

Et joueurs. Beaucoup d'animaux jouent toute leur vie, quelquefois seuls ou quelquefois ensemble. Les poulains font la course, certains poissons aussi. Les caribous jouent à « Je suis le roi du château », l'un d'eux s'installant sur un tertre dont l'autre essaie de le déloger. Nos chiens, nos chats, jouent à se battre.

Les corbeaux jouent à la fois ensemble et tout seuls : vous pourrez voir, sur les branches d'un grand arbre, toute une bande où chaque oiseau s'amuse à faire le grand soleil. Il tient fermement sa branchette entre ses pattes, et tourne autour, en une pirouette très difficile à réaliser.

Ajoutez que le corbeau apprivoisé est taquin au possible. Il s'amusera comme un fou à faire peur à votre chien qui dort en arrivant tout doucement derrière lui et en poussant un formidable croâ dans ses oreilles, après quoi, chien sursautant, l'oiseau s'envolera en piaillant d'allégresse.

Notez enfin la curieuse manie des corbeaux, qu'ils partagent avec la pie et un peu le geai, de chiper des objets brillants, en métal de préférence, et de les fourrer dans leur nid, à moins qu'ils ne les cachent Dieu sait où. Pourquoi ? On n'en sait rien.

Pas plus qu'on ne sait pourquoi certains corbeaux ont l'habitude d'imiter les bruits qu'ils entendent souvent. Le roulement d'une charrette, par exemple, ou même des bruits plus compliqués.

Un jour, des bûcherons qui abattaient les chênes marqués pour être coupés, dans une forêt de l'État, entendent, pendant qu'ils déjeunaient, le bruit d'un arbre qu'on abat : d'abord les coups de hache, puis le grand psscchhht du chêne qui tombe en froissant ses bouts de branches contre les autres, enfin le poum du gros arbre lorsqu'il arrive par terre. Quelqu'un coupait des chênes dans leur forêt ! les bûcherons vont voir : rien. La série de bruits recommence. Tous les chênes étaient debout. Finalement ils ont compris quand un corbeau s'est envolé à grands croâ de moquerie. C'était lui qui imitait le bruit de la chute d'un chêne. Pourquoi ? Voulait-il se moquer d'eux ? Les copiait-il pour s'amuser tout seul ? Allez savoir...

Voilà l'essentiel de la vie des corbeaux, qui, encore une fois, sont des corneilles noires ou mantelées, des freux, des chocards ou des choucas. Ajoutez-y que chaque espèce a sa propre langue, avec des dialectes selon l'endroit. Les corneilles d'Angleterre, par exemple, ne parlent pas tout à fait le même langage que celles de France. Mais le « grand corbeau », le vrai, est polyglotte, lui, et comprend tout ce que disent les autres. Pourquoi ? C'est comme ça...

Il s'agit donc d'animaux extraordinairement intelligents. Plus que tous ceux de chez nous, sans doute. Pour un ensemble de raisons. D'abord, ils ont le cerveau plus gros que celui des autres, ensuite — et surtout, à mon avis — ils vivent longtemps, et en société. Cela doit faciliter le développement de leur intelligence...

Le tribunal des corbeaux

Ce que je viens de vous raconter sur les corbeaux est vrai, connu, indiscutable. Mais voici des faits que j'ai vus moi-même, que d'autres ont constatés ici et là, mais tellement incompréhensibles que j'ai mis leur histoire à part. Il y a, là derrière, un mystère...

Voilà la scène : l'hiver, une grande plaine nue. Au milieu, un arbre tout déplumé. Un gros noyer. Pas gai, tout ça. Du fond de la plaine, arrive un vol de corbeaux. Une vingtaine au moins. Ils se posent sur les plus hautes branches du noyer déplumé et « crôâ-crôâ » commencent à se raconter Dieu sait quoi. Sans se disputer, sans changer de place. Ils discutent, voilà tout.

... Un moment passe, un quart d'heure à peu près, et un dernier corbeau arrive, tout seul. Il se pose sur une des basses branches du noyer, en dessous des autres qui continuent à croasser. Lui ne dit rien mais visiblement les écoute. Je m'en rends compte en le voyant tourner et pencher la tête vers ceux qui croassent au-dessus de lui. Et ça croasse de plus en plus, sans que je puisse remarquer s'il y en a qui croassent davantage, ou de façon différente des autres, ni comprendre, évidemment, de quoi parlent ces corbeaux puisque je ne sais pas leur langue. Et l'autre, le dernier arrivé, continue d'écouter, de tourner, pencher la tête sans rien dire.

Cela dure une dizaine de minutes et soudain le corbeau dernier arrivé s'envole. Mais pas comme font les corbeaux d'habitude, quand ils se mettent sur l'aile en partant d'une branche : d'abord, ils glissent en biais vers le sol, puis se redressent et, en quelques coups d'ailes prennent de la hauteur. Celui-là, au contraire, continue de voler à quelques mètres des champs tout nus.

Ce détail, je ne m'en suis souvenu que plus tard, car un drame allait se dérouler. Presque en même temps que le dernier arrivé, deux autres corbeaux se sont envolés. Ils le suivaient. Ils l'ont survolé, ils l'ont attaqué à coups de bec, il est tombé sur le sol et ils l'ont tué. Il n'avait pas fait un geste pour se défendre...

Que s'était-il passé ? Je n'en sais rien. S'agissait-il d'un de ces « tribunaux de corbeaux » dont on parle quelquefois ? Les premiers avaient-ils discuté le cas du dernier arrivé, l'avaient-ils condamné, pour quel crime ? Pourquoi s'était-il laissé faire sans protester, pourquoi était-il venu à cette réunion ? Encore une fois je n'en sais rien mais, avec ce que vous savez maintenant sur la vie des corbeaux, cette scène donne à réfléchir...

L'intelligence des poules et leurs problèmes

Nos pauvres poules vous paraissent stupides ? Écoutez leur histoire et vous vous mettrez en colère contre les barbares qui les élèvent « en batterie » où, sans pouvoir bouger ni pied ni patte, elles ne font que manger et pondre jusqu'à la mort, comme des machines. Car nos poules ont leur personnalité, leur caractère, une vie sentimentale, sociale, des problèmes...

Elles nous viennent de très loin. D'une île du Pacifique nommée Bankiwa. Il y avait bien des poulets néolithiques, chez nous, au temps des hommes des cavernes, on le sait par les fossiles, mais ils ont disparu voici très longtemps. C'est alors que des marchands d'Extrême-Orient ont découvert le coq de Bankiwa dans sa forêt, où il vit toujours.

Imaginez Tarzan en coq. Un mètre vingt de haut, des jambes solides, un superbe jabot, des muscles de pilier de rugby, une crête formidable, des plumes somptueuses et une voix à faire trembler les vitres quand il lance son cocorico. Hercule habillé comme Louis XIV les jours de fête.

Ce superbe personnage vivait — il vit toujours — en régnant sur un groupe de poules un peu moins belles que lui, flanquait des raclées à ses congénères coqs quand il les rencontrait, évitait comme il pouvait, en s'aplatissant dans les herbes, les panthères de l'endroit, se branchait (c'est s'installer sur les basses branches d'un arbre) pour dormir, poules posées à côté de lui, bref vivait en coq sauvage qui ne craint pas grand-chose et le fait savoir aux voisins en cocoriquant de temps en temps pour leur signaler qu'il est chez lui dans ce coin-là de la forêt et qu'il vaut mieux ne pas venir s'y frotter.

Comment cette espèce est-elle arrivée de son île sur le continent asiatique ? Pas à la nage évidemment, ni en volant. Ces oiseaux-là ne volent qu'en cas d'urgence, sur quelques mètres, comme les poissons volants.

Sans doute, il y a très très longtemps, des commerçants ont dû trouver cet animal superbe, prendre un coq, quelques poules, et rapporter le tout chez eux. Ils se sont multipliés, on a commencé à les engraisser pour les manger, et à faire cuire leurs œufs.

Et puis, de siècle en siècle, gagnant de proche en proche, transportés par des caravanes, coqs et poules se sont répandus dans toute l'Asie, l'Europe et sont arrivés jusqu'en Gaule.

Là, je dois ouvrir une parenthèse. Le « coq gaulois » dont on dit qu'il était l'emblème de nos ancêtres, n'a jamais été honoré par ces Gaulois. Ils l'élevaient, le mangeaient et c'est tout. Leurs animaux-totems, ceux auxquels ils attachaient de l'importance, étaient l'alouette et le sanglier. Quand les Gaulois ont formé des légions dans l'armée romaine, leurs emblèmes (leurs « aigles », si vous voulez) étaient tantôt l'alouette et tantôt le sanglier.

Mais coq se disait « gallus » et Gaulois « Gallus ». Un mauvais jeu de mots a fait naître la légende du coq gaulois, que nos « Quinze » portent encore sur leur maillot, quand le tournoi des Cinq Nations les oppose à la Rose, au Chardon britanniques... Quant au coq qu'on voit encore au sommet de certains clochers, simple plaque de tôle découpée, c'est tout bonnement une girouette qui tourne au vent parce qu'on lui a fait une queue bien large.

Voilà donc les coqs et les poules en Gaule. On les élève, on les spécialise en les croisant. Telle race donnera des « poulets de chair » bien gras, comme les poulets de Bresse ou ceux des Landes dont la chair est blonde parce qu'on les nourrit de maïs, telles autres des poules pondeuses.

On les élevait — on devrait les élever encore — dans les cours de fermes et c'est là qu'il est passionnant de les voir vivre. Car, dans cette demi-liberté, coqs et poules ont reconstitué leur société primitive, celle de l'île de Bankiwa.

Chaque coq a « sa » bande de poules, avec lesquelles il vit, qu'il féconde quand il faut, et, s'ils sont plusieurs, une hiérarchie s'établit entre eux, au sujet des poules. Une curieuse hiérarchie. Le coq numéro 1 interdit absolument à numéro 2 de s'approcher de ses poules, mais, s'il voit numéro 5, ou un autre de basse caste, leur faire la cour, il laisse faire. Un si petit personnage n'a pas assez d'importance pour qu'on lui fasse l'honneur d'une rossée.

Grand seigneur, et mangeant d'ailleurs bien moins qu'elles, il les appelle d'un bref « cot-cot » quand il a trouvé une graine intéressante, pour qu'elles la picorent à sa place. Il se sert d'ailleurs de cet appel pour faire venir la poule qui, pour le moment, lui plaît.

Notez que ce coq ne va pas jusqu'à prendre la défense de ses poules quand le chien, le chat ou le renard viennent s'occuper d'elles. C'est leur problème, pas le sien. Il se bat de temps en temps avec les autres coqs de la cour, mais c'est rare.

Les coqs de combat, qu'on fait encore se battre dans quelques coins de France (et c'est très regrettable) ou de Belgique ? Ce sont des animaux spécialement dressés, que l'homme a rendus méchants exprès. Des anormaux sans intérêt. Mais il faudrait soigner les gens assez cruels pour les élever, car ils doivent être un peu fous.

Il y a aussi une hiérarchie entre les poules. Avec ce qu'on appelle savamment « le droit de piquage et de préemption de nourriture ». La poule « dominante » a le droit de donner des coups de bec à la poule « dominée » sans que celle-ci les lui rende, et de manger toujours avant elle, si elles se trouvent ensemble devant la même nourriture.

C'est pour cela que vous voyez, dans une cour de ferme, une poule courir tout affolée, ici et là, avec un grand ver dans le bec. Elle l'a trouvée toute seule, mais elle est « dominée ». Elle a bien envie de le manger mais elle sait que les « dominantes » devraient le déguster avant elle, alors, ne sachant que faire, elle court, ver au bec.

Le triste est qu'il y a toujours, dans la bande, une poule de dernier rang, que les zoologues appellent « l'animal oméga » parce qu'oméga est la dernière lettre de l'alphabet grec et qu'ils sont savants. Une poule à qui tout le monde donne des coups de bec et qui mange ce que les autres ont laissé. C'est affligeant mais c'est ainsi. D'ailleurs cette hiérarchie, fixée une fois pour toutes, évite bien des disputes.

Le curieux est que, si vous enlevez une poule de la bande pendant quelques jours, et que vous l'y ramenez ensuite, elle passera au dernier rang et il lui faudra se battre pour retrouver sa place d'autrefois.

Le réconfortant, enfin, est que la poule suivie de ses poussins a priorité sur toutes les autres. Ce qui se comprend, puisqu'elle a charge d'âmes. Elle est follement courageuse à ce moment-là. Quand le chien ou le chat s'approchent un peu trop de ses petits pilloux (on appelle comme cela les poussins, en Ardèche, et je trouve que c'est très joli) vous verrez la poulette, timide en général, gonfler ses plumes pour se donner un air terrible, et charger. Le chien, le chat les plus décidés s'en vont toujours sans insister.

Bonne mère au possible. Il faut la voir, défilant toute fière avec ses pilloux derrière elle, quand elle les amène pour la première fois dans la cour. Et attentive : c'est elle qui leur apprend à reconnaître les bonnes graines et celles qu'il faut éviter. Car les poussins ne savent rien au sortir de leur œuf. Que picorer par terre, d'un geste mécanique de la tête vers le sol, en attrapant tout ce que rencontre le bec. Geste inné, héréditaire, instinctif. Mais choisir la graine, ils l'ignorent.

Alors, la mère poule gratte le sol de la patte, et d'un « cot » particulier, lancé tête haute, appelle les pilloux qui se précipitent, mangent la graine qu'elle a trouvée, trouvent ça bon et apprennent à déjeuner. Elle a un autre « cot » pour les rappeler s'ils s'écartent, un troisième en cas d'alarme, bref tout un langage, qu'ils comprennent.

Car les poulets ne communiquent à peu près que par leurs cris. D'où les cocoricos du coq, défi aux autres et affirmation qu'il est le maître de cette cour-là, et aussi la curieuse attitude de la poule quand elle a perdu un poussin.

Ne sachant pas compter, elle ne peut pas se rendre compte qu'il n'en reste plus que cinq, au lieu des six de tout à l'heure. Alors, deux possibilités : ou bien le pilloux perdu peut se faire entendre à grands cui-cui désespérés, et la poule le cherche jusqu'à ce qu'elle l'ait trouvé, ou bien elle ne l'entend pas appeler et ne s'occupe absolument plus de lui, même si elle le voit de ses yeux.

Mettez un de ses poussins dans une cloche à fromage d'où ses cui-cui ne peuvent pas sortir, la mère poule continuera de picorer tranquillement, quoiqu'elle le voie très bien, puisque la cloche où l'autre s'égosille est transparente.

Mais elle s'affole tout à fait quand on lui a fait couver des canards qui, obéissant à leur instinct, s'en vont nager dans la mare pendant qu'elle court sur le bord, s'époumonant à leur expliquer qu'il ne faut pas.

C'est d'ailleurs pendant qu'ils sont poussins que

coqs et poules fixent cette hiérarchie, ces rangs, qui régleront leurs rapports toute leur vie. Vers le huitième jour, les petits pilloux se battent furieusement. Des raclées de poussins, pas bien graves. Mais définitives. Tout le monde, dans la couvée, se bat avec tout le monde, les vainqueurs s'affrontent à peu près comme dans nos championnats.

L'ennuyeux est que les poules ne savent pas compter jusqu'à trois. D'où un résultat bizarre, qui vous permettra de leur jouer un tour amusant. Il arrive, dans ces combats, que la poule A, par exemple, ait vaincu la poule B, qui a rossé la poule C mais que celle-ci, la C, ait elle-même battu A. Voilà une situation bien compliquée : A domine B et a le droit de manger avant elle, B domine C et peut ainsi se servir d'abord, mais C a priorité sur A puisqu'elle l'a battue autrefois. Alors, mettez une assiette de grains devant A, B, et C. A bousculera B, qui bousculera C, qui bousculera A, laquelle rebousculera B, qui rebousculera C, qui rebousculera A. Et cela en toute bonne foi, chaque poule étant dans son droit. Si bien qu'elles n'arriveront jamais à se mettre à table. Ce qui prouve que l'intelligence des poules a ses limites...

Elles ont aussi d'autres problèmes qu'on a découverts dans les grands élevages où, pour avoir des « lignées » très pures (une lignée, dans l'intérieur d'une race, c'est la série grand-mère, mère, fille, petite-fille etc.) on élève les poules en bandes de dix, avec un coq par bande pour que viennent les poussins, les bandes étant séparées les unes des autres.

Or il arrive que, dans une bande, telle poule n'ait jamais de poussins parce que le coq ne veut pas s'occuper d'elle. On la met dans une autre bande, avec un autre coq : il l'ignore. Dans une troisième, même échec. Cette poule a-t-elle quelque chose qui déplaît aux coqs? Lui manque-t-il quelque chose qui leur plairait? On n'en sait rien mais cela donne tout de même à réfléchir.

Voilà donc des animaux qui ont une vie sociale, une vie sentimentale, des problèmes, et un bout d'intelligence. Vous ne me croyez pas? Élevez une poule à part, avec vous, gentiment, en la nourrissant vous-même, en lui parlant. Vous verrez qu'elle répond à son nom, sait demander quand elle a envie de quelque chose, vous fait confiance, se laisse caresser, bref se conduit en véritable animal familier.

Alors... quand vous avez une cuisse de poulet dans votre assiette, pensez un peu à tout cela. Je ne suis pas sûr qu'elle vous paraîtra meilleure et peut-être regretterez-vous, juste une seconde, que toutes les poules ne meurent pas de vieillesse...

Le sonnailler

Le mouton est un mouflon qui a rencontré l'homme et ça l'a complètement abruti... Cela s'est passé il y a douze mille ans, quinze mille peut-être...

Il y avait alors, dans toute l'Asie et en Europe, de superbes animaux, un peu semblables aux bouquetins par leur silhouette, mais avec des cornes énormes, bellement recourbées de chaque côté de la tête, alors que celle des bouquetins pointent vers l'avant. Des mouflons.

Il en reste plusieurs espèces en Asie et, chez nous, le mouflon de Corse, qu'on acclimate actuellement dans plusieurs parcs nationaux, aux Cévennes et dans le Massif central. Ce sont des animaux très normalement intelligents.

Le mouflon sait se défiler derrière les rochers pour n'être pas vu du chasseur, la mouflonne s'occupe très bien de son mouflonnet et les mâles, au moment des amours, se battent de façon très astucieuse. D'abord, chacun s'approprie un petit territoire, en haut d'un tertre par exemple, où il fera sa cour à toutes les mouflonnes qui y viendront et où il ne tolère pas la présence d'un congénère. D'où des batailles, car chaque mâle a envie de recevoir ces visites.

Mais ces batailles sont de simples tournois courtois. Les mouflons tiennent-ils à leurs belles cornes ? En tout cas, tout se passe comme s'ils ne voulaient absolument pas les casser. Un mouflon vient en provoquer un autre chez lui ? Ils se poussent de l'épaule, sur le côté, un peu comme les garçons qui s'amusent à se bousculer, en récré. Le plus fort, le plus lourd ou le plus combatif a tôt fait de s'imposer et l'autre s'en va sans insister. Ce qui prouve qu'ils sont très sages. C'est un point qu'il ne faut pas oublier.

Là-dessus, il y a douze ou quinze mille ans, les hommes sont arrivés d'Afrique où notre espèce était née très longtemps avant. Encore tout à fait primitifs, ils cueillaient des fruits, des plantes, et mangeaient les bêtes qu'ils avaient pu tuer. Et puis il y a eu un phénomène extraordinaire : ces hommes se sont mis à élever des animaux, au lieu de leur courir après, à semer des graines pour manger ce qui pousserait au lieu de faire la cueillette. On appelle cela la « révolution néolithique » et c'est l'événement le plus important de notre histoire. La civilisation commençait.

Or tout cela a commencé quand l'homme a entrepris d'élever le mouflon. Le chien n'a été apprivoisé qu'ensuite, précisément pour garder les mouflons domestiqués qui peu à peu se transformaient, devenaient des béliers, des brebis couvertes de laine, avec leurs agneaux tout gentils. Des moutons. Et les millénaires ont passé, moutons gardés par leurs bergers, surveillés par les chiens.

Notre civilisation se perfectionnait. Mais, dix mille ans plus tard, le mal était fait. Les moutons étaient devenus gros et gras, leur laine de plus en plus douce à force de croisements savants. Mais complètement idiots.

Songez qu'actuellement, une brebis, si elle a perdu son agneau dans la pâture, n'est plus capable de le retrouver. Et tous sont stupides.

Des exemples ? Je vous ai raconté les prudents combats des mouflons qui se battent sans se faire de mal ? Aujourd'hui, lâchez deux béliers dans une cour de ferme : chacun prendra vingt mètres de recul, baissera la tête et foncera sur l'autre comme un boulet de canon. Résultat : un choc si effroyable que, régulièrement, vous retrouvez vos deux béliers avec une fracture du crâne. Costauds à faire reculer le taureau, mais stupides au point de s'entre-tuer.

Et bêtes en toutes circonstances ! Vous connaissez l'histoire des moutons de Panurge que Rabelais a si bien racontée ? Panurge en voulait à un marchand de moutons qui transportait les siens sur un bateau. Il empoigne un des moutons par sa laine, le jette à l'eau où tous les autres le suivent. Car le mouton est si bête qu'il fait toujours ce qu'il voit faire par celui qui est devant lui.

Les petits bergers jouaient autrefois à un jeu très drôle. Les moutons sont au pré, vient l'heure de les ramener à l'étable. On ouvre la porte et on s'y met sur le côté en levant la jambe, de sorte que le premier mouton, pour passer, doit sauter par-dessus. Il saute, on laisse sa jambe en l'air, le second saute aussi, puis le troisième. Au cinquième, on baisse la jambe. Les moutons qui viennent derrière continueront à sauter par-dessus rien du tout, parce qu'ils ont vu ceux de devant le faire.

C'est d'ailleurs pour cela qu'on voit, dans les troupeaux tondus, deux ou trois moutons à qui on a laissé deux touffes de laine sur le dos. Ce sont les « menons ». Quand on veut que le troupeau aille à droite ou à gauche, on prend le menon par ces deux touffes, on le met dans la bonne direction et tous les autres suivent, bêtement.

Voilà donc les animaux idiots, or leur grand-père mouflon avait une intelligence très normale. Que s'est-il passé ? Notre influence...

Réfléchissez. Aujourd'hui, les moutons sont bien au chaud dans la bergerie. Chaque matin le berger vient, avec ses chiens, et les emmène à la pâture où ils n'ont rien à faire, que brouter. Quand l'herbe est épuisée, le berger et ses chiens les changent de pâturage. Rien à craindre de personne, puisque le chien veille à tout. Pas de souci, pas de décision à prendre. Brouter et brouter encore, c'est toute leur vie. Résultat : de siècle en siècle, ils sont devenus idiots.

Idiots à en mourir. Cela s'est produit en novembre 1977. Un gros camion, une bétaillère, emportait quatre cents moutons vers l'Allemagne. Il tombe en panne. Une panne grave : trois jours pour recevoir la pièce cassée. On n'allait tout de même pas laisser les moutons sans manger pendant soixante-douze heures. Le conducteur les fait descendre, les met sur le bas-côté de la route pour qu'ils broutent un peu d'herbe. Ça les soutiendrait toujours. Les moutons se sont couchés sans rien manger : on les avait nourris aux granulés et ils ne savaient plus brouter. Ils sont morts...

Le pire est que cet abrutissement par l'homme n'est pas irrémédiable. Élevez un petit agneau chez vous, en lui parlant, en jouant avec lui, il deviendra aussi intelligent qu'un chien. Il aura retrouvé l'intelligence de son grand-père mouflon. Les bergers de transhumants le savent, qui ont inventé le « sonnaillier ».

La transhumance, vous connaissez. Des troupeaux de moutons ont passé l'hiver en Provence, par exemple, ou dans les plaines de Gascogne, et on les envoie, l'été venu, paître les grands pâturages des Alpes ou des Pyrénées. Autrefois, ils faisaient le voyage par la route mais c'est maintenant impossible à cause des autos. Aujourd'hui les moutons transhumants prennent le train.

C'est pour cela qu'on voit, dans les plaines de Provence par exemple, un grand train de wagons de marchandises arrêté en pleine campagne, contre un terre-plein pour que les moutons puissent s'installer dans ses wagons. Mais il y a un problème : convaincre un mouton de prendre le train n'est pas commode. S'il y en a dix mille, c'est insoluble. Alors, on fait intervenir le sonnailler.

Le sonnailler, qu'on appelle ainsi parce qu'il a une clochette au cou, est un agneau qu'on a séparé de sa mère, élevé au biberon, en vivant avec lui, en lui parlant et qui est devenu, je vous l'ai expliqué, aussi intelligent qu'un chien parce que cette existence avait permis à son intelligence de se développer.

Ensuite, on l'a remis dans le troupeau pendant la journée, et les autres moutons, abrutis par la vie qu'on leur fait mener, l'ont reconnu pour chef parce qu'il était plus malin qu'eux.

Arrive le moment de monter en wagons. Le sonnailler, qui sait bien ce qu'on attend de lui, prend la tête du troupeau, se met en marche vers les wagons, saute dans le premier. Les autres l'y suivent puisqu'ils font toujours ce que fait celui qui est devant eux. Le sonnailler s'est embusqué près de la porte, descend quand le wagon est plein sans que les autres s'en aperçoivent, et recommence au wagon suivant.

Ce qui prouve que le mouton, au fond, n'est pas si bête mais que le responsable de sa stupidité, c'est nous... Avouez que c'est mal montrer notre reconnaissance à l'animal qui, le premier, il y a douze ou quinze mille ans, au moment de la révolution néolithique, nous a permis de commencer à nous civiliser...

Réhabilitation du crocodile

Il faut réhabiliter le crocodile dont on a dit trop de mal. Vous connaissez l'expression « larmes de crocodiles » ? On l'emploie pour dire que quelqu'un est hypocrite. Hypocrite comme le crocodile qui, prétend-on, pleure après vous avoir mangé.

Or c'est faux, le croco n'est pas plus hypocrite que nous. En tout cas il ne pleure pas, avant son déjeuner ni après. Mais comment cette calomnie est-elle née ?

En Égypte il y a quatre mille ans. Il y avait plein de crocodiles dans le Nil, à cette époque, et il en reste d'ailleurs quelques-uns. Des crocos dont les paupières sont ainsi faites qu'il en coule de l'eau lorsqu'ils sortent du fleuve. De l'eau du Nil, pas des larmes !

Par-dessus le marché, ces crocodiles, comme

beaucoup de leurs pareils, ont un petit cri « Houin... Houin » qui ressemble à ceux d'un tout petit enfant. A cause de ce gémissement de bébé, on dit que le crocodile « vagit ». Vous en savez assez long, à présent, pour reconstituer l'origine de la calomnie.

Voilà comment les choses ont dû se passer. Un Égyptien de l'époque (vous savez, ceux qu'on voit toujours de profil, avec des bras pour indiquer que la route des Pyramides c'est par là) devait se promener aux bords du Nil. Il aura entendu, dans les roseaux, vagir un crocodile, et confondu ce vagissement avec l'appel d'un bébé perdu.

— Tiens, tiens, se sera dit l'Égyptien, encore un môme abandonné dans son berceau sur le fleuve. Décidément, c'est la mode.

Car notre Égyptien connaissait évidemment l'histoire de Moïse... Il aura pataugé dans les roseaux pour récupérer le bébé qui pleurait, rencontré le crocodile, celui-ci l'aura mordu au pied, et l'autre sera revenu tout boiteux en disant que cet animal était un dangereux hypocrite.

Comme les Égyptiens avaient vu l'eau couler des yeux de leurs crocodiles, ils ont mélangé les deux faits, et inventé l'histoire des crocos qui pleurent après vous avoir mordus, pour conclure à leur hypocrisie. Voilà tout. Mais il faut le répéter avec force : « Non, les crocodiles ne pleurent pas ! Non ils ne sont pas hypocrites ! Et la formule " larmes de crocodiles " doit être bannie du vocabulaire d'un véritable ami des bêtes. »

D'autant plus qu'ils ont des mœurs charmantes, crocodiles proprement dits, gavials qui ne mangent que du poisson, alligators ou caïmans. Rien n'est joli comme un croco qui fait sa cour. Cela se passe ainsi, sur le bord des fleuves d'Afrique.

Plusieurs crocos sont allongés sur la berge, à l'ombre. Leurs corps placés exactement dans la position d'un tronc d'arbre que le courant aurait rejeté là. C'est leur technique de chasse, quand ils sont à terre : la gazelle ou le singe qui passent se laissent prendre à cette ressemblance, s'approchent et vlan ! un coup de l'énorme queue les fauche, après quoi le croco n'a plus qu'à emporter sa proie dans l'eau, à la cacher sous quelque souche où sa chair s'attendrira, et à venir la manger ensuite.

Ça vous choque ? Dites-vous bien que, s'il n'y avait pas de crocodiles, les eaux des fleuves auraient été empoisonnées depuis longtemps par les cadavres des animaux qui y sont morts.

Pour le moment, nos crocos somnolent sur la berge sans penser à chasser. C'est l'époque de leurs amours et l'un d'eux, un beau mâle, guigne de l'œil une jolie crocodilette qui fait sa sieste près de lui. Il faut absolument engager la conversation.

Alors, il court vers le fleuve à toute allure, et se met à battre l'eau de toutes ses forces, avec sa queue, faisant un bruit épouvantable et projetant des gouttes partout. La fille ouvre un œil, voit le spectacle, comprend que le croco fait tout cela pour l'impressionner. Elle se laisse glisser dans l'eau à son tour.

Alors commence la danse d'amour des crocodiles. Il va tourner en rond autour d'elle, inlassablement et la fille, au fur et à mesure qu'il tourne, pivotera sur elle-même, de telle sorte que sa gueule — je veux dire son joli minois de dame crocodile — est toujours dirigée vers lui.

Les crocodilologues se demandent pourquoi ils dansent ainsi. Lui, ça se comprend : il veut montrer comme il est fort, comme il est beau, comme il nage bien. Les garçons ne font rien d'autre, dans les piscines, quand ils veulent épater une fille. Mais elle ? Pivote-t-elle sur elle-même, visage tourné vers lui, pour le surveiller, parce qu'elle se dit : « Qu'est-ce qu'il me veut, celui-là ? » ou au contraire pour échanger de doux clins d'œil avec ce monsieur qui lui fait la cour ? On ne sait pas. Nous connaissons très mal, il faut le dire, la sentimentalité crocodilienne.

Cette danse durera près d'une heure. Et puis la fille ne pivotera plus sur elle-même. C'est le « Va, je ne te hais point » comme on dit chez M. Corneille. Alors cela va devenir bouleversant. L'énorme mâle s'approche doucement, et il met sa grosse tête sur l'épaule de sa belle. D'un geste très tendre... Maintenant, ils n'ont plus qu'à se marier.

Temps réglementaire écoulé, elle ira pondre sur la berge. Certaines espèces choisissent le sable, d'autres les coins herbus. Mais toutes font un trou pour y déposer leurs œufs ; le recouvrent, et veillent alentour jusqu'à l'éclosion, car il y a toujours des varans, des rats, des oiseaux de toutes plumes pour venir déterrer les œufs et les manger.

Quand les petits sortent du sable ou de l'herbe, elle les regarde filer vers l'eau où ils commenceront leur vie de crocodiles, mangeant d'abord des insectes, puis des coquillages, avant de s'attaquer aux nourritures plus conséquentes, qu'on attend interminablement, corps invisible sous la surface que dépassent seulement les yeux et les narines.

Que guettent-ils, là au milieu du fleuve, à un

endroit où évidemment les buffles ni les gazelles ne s'aventureront pas pour boire parce qu'ils perdraient pied ? Les cadavres flottant au fil de l'eau. Ils font leur métier de nettoyeurs de fleuve.

De quoi sont morts
les dinosaures ?

Maintenant, on va parler de votre animal préféré : du dinosaure ! De lui, qui mangeait des plantes, et de ses ennemis le brontosaure ou le tyrannosaure qui mangeaient les autres « saures », bref des grands sauriens qui ont peuplé la terre avant nous. Car il y en avait partout, du pôle nord au pôle sud (qui n'existaient pas à cette époque, en tant que pôles du moins) d'un bout à l'autre de la planète, des grands et d'autres tout petits sur la terre, en l'air où apparaissait le ptérissodactyle, dans l'eau. Ils étaient les rois de la création.

Et puis, tout à coup, il y a soixante-dix/soixante-quinze millions d'années, pfffft ! plus de dinosaures, de brontosaures ni de tyrannosaures. Disparus les diplocodus. Que s'était-il passé ? De quoi sont morts les dinosaures ? C'est de cela qu'il s'agira. Car c'est un mystère sur lequel les savants ne se sont pas encore mis d'accord. Ce qui me permet de hasarder une petite hypothèse personnelle.

Un mystère important : supposez qu'en un petit million d'années, les hommes disparaissent de la terre : les mouches survivront, se demanderont pourquoi, si elles sont devenues intelligentes entre-temps. On a donc le droit de s'interroger : de quoi sont morts les dinosaures ?

D'abord, on a dit que les mammifères les avaient mangés. Hypothèse qui ne tient pas : les mammifères qui commençaient d'apparaître à ce moment-là, étaient de pauvres petites bêtes bien incapables de boulotter un dinosaure de quinze tonnes, un brontosaure cuirassé.

Seconde supposition : les dinosaures sont morts parce qu'ils étaient idiots. Notez qu'on n'en sait rien, personne n'ayant jamais vu vivre un dinosaure. Mais enfin leur bêtise est probable. Les plus gros, ceux qui pesaient vingt mille kilos, avaient un cerveau de chaton où il ne devait pas se passer grand-chose.

On peut même admettre, tant leur système nerveux était mal fichu, qu'ils ne s'apercevaient pas qu'on les mangeait. Les transmissions étaient si mal faites, dans leur énorme corps, qu'ils mettaient un temps fou à s'apercevoir que quelqu'un était en train de leur boulotter une patte, ou la queue.

Cette hypothèse-là ne vaut rien non plus : si on devait mourir de bêtise, ça se saurait et il n'y aurait plus grand monde, ici-bas.

Troisième supposition : les dinosaures seraient morts d'un gros rhume. Car, au moment de leur disparition, la Terre a basculé sur son axe et les saisons sont apparues. Comme, avant, il faisait chaud partout, que la planète entière connaissait un climat tropical, l'hiver les aurait surpris et les dinosaures se seraient enrhumés à en crever.

Là non plus, l'hypothèse ne tient pas. Si elle était vraie, les dinosaures et autres tyrannosaures du Congo ou de la forêt amazonienne vivraient encore, puisque dans ces banlieues de l'Équateur, le climat est resté à peu près ce qu'il était. Au pire, ils seraient morts bien après les autres. Or, les fossiles le prouvent, grands ou petits, habitant la Patagonie, la Sibérie ou Saint-Tropez, tous les dinosaures sont morts dans la même période.

Alors ? Alors voilà ma petite idée. Celle d'un amateur et qui vaut ce qu'elle vaut. Au moment où les dinosaures sont morts, de nouvelles plantes venaient d'apparaître sur la terre. Des plantes contenant un tout petit peu de strychnine et d'autres poisons. En doses infimes, mais, quand vous en mangez trente tonnes à déjeuner, il y a de quoi vous rendre malade. Les brouteurs seraient morts d'avoir mangé ces plantes et les mangeurs de chair d'avoir mangé les malades empoisonnés. Finalement, les dinosaures et leurs cousins seraient morts d'une terrible colique... Encore une fois, je n'en suis pas sûr du tout, mais c'est possible.

Secouer
comme un prunier

Les petits gros ont de la chance : on n'arrive pas à les détester. C'est le cas du hanneton, l'animal le plus « nuisible » de France, probablement, qui passe les trois quarts de sa vie à couper les racines des plantes de nos jardins, et le dernier à manger les feuilles de nos arbres fruitiers. On devrait le haïr, l'abominer ? Il a l'air si balourd, si bêta avec ses courtes ailes, ses petites pattes et son gros ventre, qu'on rit.

On chantait même, autrefois, une jolie chanson sur son cas : « Hanneton, vole, vole, vole — Ton mari est à l'école — Il m'a dit, si tu ne voles — Qu'il te couperait la gorge », et rien n'est plus drôle, en classe, que de faire voler un hanneton au bout du fil qui le tient par un pied.

Et pourtant quels dégâts ! Tout commence à sa naissance. D'abord, la femelle hanneton creuse un trou dans le sol, avec ses pattes de derrière.

C'est essentiel, cela « avec ses pattes de derrière » ! Car, si vous voyez un hanneton creuser la terre avec ses pattes de devant, et que ça se passe en pays de truffes, surveillez-le bien : il adore les truffes, il en a senti une, là-dessous, et il va la manger. Prenez sa place...

Mais si votre hannetonne creuse de l'arrière, méfiance ! Elle va pondre, ses œufs écloront et il en sortira des larves, qu'on appelle ici « man », là « turcs », ailleurs « vers blancs » et qu'on déteste partout. Car ces larves ont un appétit formidable, ne mangent que des racines et les coupent pour les dévorer. Cela durera quatre ans, sans chômage. Les larves de hanneton s'enfoncent dans la terre en hiver, quand il gèle, remontent près de la surface dès qu'il fait plus doux et, toujours coupant, font périr tout ce qui pousse au-dessus d'elles. Surtout les plantes de nos jardins, dont les racines leur plaisent beaucoup.

Quand tout crève sur pied dans le vôtre sans raison, ne cherchez pas : bêchez, vous verrez les vers blancs, responsables du désastre. Leur seul ennemi naturel est la courtilière qui les croque, mais fait autant de mal qu'eux, avec ses innombrables tunnels car elle coupe les racines, elle aussi, pour les creuser.

Quatre ans passent à ce massacre par les larves. Et puis, un soir d'été, quand il fait bien chaud, un hanneton sort de terre. Il meurt de faim. Car, nouvelle malchance, ce coléoptère, qui mue pour devenir lui-même, a fait sa dernière mue en fin d'année, par temps froid. Il est devenu hanneton mais sous terre, là où il avait vécu, larve, depuis quatre ans. Impossible de sortir : il ne trouverait rien à manger. Alors il attend, et il jeûne... Imaginez son appétit, quand enfin il peut s'envoler.

C'est d'ailleurs toute une affaire, ce premier

envol : ses ailes sont courtes, il est lourd... Alors le hanneton émergé du sol grimpe le long d'une herbe et se gonfle, se gonfle, bat des ailes à petits coups, comme un avion qui fait son « point fixe » en bout de piste avant de prendre l'air.

Enfin, après bien des efforts, ils s'envole. Vers où ? Vers le premier arbre fruitier, le cerisier, le pommier, le prunier. Pourquoi ? Pour manger ses feuilles, qu'il dévore des mandibules, faisant tant de bruit que, s'il y a une centaine de hannetons sur cet arbre, on les entend mâchouiller.

L'arbre est mort, d'ailleurs, à ce moment. Sans feuilles, il ne peut plus vivre. Des vergers entiers se sont trouvés saccagés par les hannetons, certaines années. Car, quand les conditions leur sont favorables, on les voit par millions.

Au milieu du siècle dernier, on a aperçu, volant au-dessus de la Saône par vent d'est, une sorte de nuage qui passait au-dessus de la rivière. Un vol de hannetons. Ils ont atterri de l'autre côté et, cette année-là, il n'y a pas eu une goutte de Beaujolais : Messieurs les Hannetons avaient mangé toutes les feuilles des vignes.

Il n'y avait malheureusement rien à faire, jusqu'au jour où M. le préfet de la Sarthe a eu son idée de génie. C'était en 1841, et les Sarthois, qui cultivent de très beaux vergers, n'étaient pas contents du tout : les hannetons dévastaient leurs arbres fruitiers.

Délégations à la préfecture, demandes d'intervention, mais que faire ? L'administration préfectorale (que le monde nous envie) a ses règlements mais aucun n'a prévu la guerre aux hannetons. M. le préfet était donc bien ennuyé quand il décida d'aller se promener en voiture, par la campagne.

On attelle la victoria préfectorale et les voilà

partis, clap-pataclap des chevaux sur la route, cocher bien droit sous son haut-de-forme, préfet assis sur les coussins derrière. Tout à coup, on passe à côté d'un verger et que voit M. le préfet ? Une troupe de sangliers qui mangeaient quelque chose par terre, à pleines bouchées.

M. le préfet fait arrêter la victoria, regarde sans descendre pour ne pas faire peur aux sangliers, constate qu'ils font ripaille de hannetons et que, pour les faire tomber des branches où ils mangeaient les dernières feuilles, le plus gros des sangliers — une énorme laie — se frottait contre leurs troncs ce qui secouait le tout et précipitait les hannetons par terre. M. le préfet est rentré tout songeur à sa préfecture, ce jour-là.

Le lendemain, il fait venir son secrétaire général, constate qu'il y a encore un peu d'argent au budget pour les cas d'urgence, et fabrique un arrêté qui mériterait de passer à la postérité.

Il recommandait aux Sarthois de secouer leurs pommiers, leurs pêchers, leurs poiriers, leurs abricotiers, bref tous les arbres fruitiers de leurs vergers. Mais pas n'importe quand : à l'aube, parce que les hannetons dorment sur le lieu de leurs méfaits et que, de grand matin, ils ne sont pas bien réveillés encore, ces gros patauds. Et pas n'importe comment : en mettant des draps sous l'arbre qu'on secoue. Comme ça, les hannetons tombaient dans le drap, on le repliait, on versait tous les hannetons recueillis dans un seau et on portait le tout à la mairie où (c'est pour cela que M. le préfet avait besoin d'argent) on donnerait tant de sous par litre de hannetons récupérés.

Les Sarthois ont secoué leurs arbres, ils ont touché un peu d'argent pour leur peine, sauvé leurs vergers, le « dés-hannetonnage » était inventé, l'administration préfectorale félicitée et la langue française enrichie car c'est ce jour-là qu'on a créé l'expression « secouer comme un prunier ».

Les babouins
et leurs patates

Les babouins sont de braves singes, pas grands mais fort intelligents, qui vivent dans le Vieux Monde et dont les sociétés sont parfaitement organisées, avec une hiérarchie très stricte, babouins de première, de seconde et de troisième classe, etc.

Or une chose surprenait les savants qui étudiaient ces singes : ils ne comprenaient pas comment ces rangs s'établissaient. Pas de batailles entre petits singes, pas de disputes entre grands babouins, et pourtant cette hiérarchie existait. Ils en ont parlé aux chercheurs japonais, grands experts en babouinologie parce qu'il y a des îles, chez eux, exclusivement peuplées par ces petits singes rouges, et qu'ils les ont beaucoup étudiés.

— Hi, hi, hi ! ont ri les Japonais. C'est à cause de leurs mères...

Et ils ont tout expliqué. Les singes rouges du Japon, quand ils occupent une petite île, s'organisent ainsi : au milieu, les mâles « dominants » avec les femelles et leurs petits. Autour, les singes de seconde, de troisième et de quatrième classe, plus éloignés du centre au fur et à mesure qu'ils sont d'un rang inférieur.

Pourquoi cette organisation bizarre ? C'est qu'au milieu, les femelles et leurs petits courent moins de danger qu'à la périphérie, où peuvent toujours traîner des ennemis de ces singes. Un peu comme le donjon, au milieu du château fort, était le dernier endroit que l'ennemi pouvait prendre puisqu'il devait d'abord franchir les murailles qui l'entouraient. En cas de siège, la châtelaine et ses filles se réfugiaient dans le donjon en attendant que ça passe. Les singes de l'extérieur, de basses castes, prenaient les coups en cas d'attaque.

Autre avantage de cette façon de faire : seuls les singes dominants se trouvaient en contact avec les dames babouin, et leurs petits étaient plus fiers, plus décidés, à l'image de leurs pères.

Au contraire, si les singes de la banlieue, toujours apeurés, inquiets précisément parce qu'ils étaient toujours en danger, se mariaient, ils risquaient de transmettre leur peur, leur inquiétude perpétuelle, à leurs petits. Bien sûr, les babouins n'avaient pas calculé tout cela. C'était trop compliqué pour eux. Mais le résultat était le même.

Voilà donc notre société babouin, avec quelques mâles et beaucoup de femelles. Tout naturellement, une hiérarchie s'établit entre elles, comme entre tous les animaux quand ils vivent en troupe. C'est injuste, choquant au point de vue moral mais ça règle les rapports et diminue les chances de disputes.

La babouine de premier rang a ainsi priorité sur celle de seconde classe et, quand il s'agit par exemple de savoir qui mangera cette mangue ou cette banane, elle se sert avant l'autre. Dans la vie quotidienne, la babouine de rang inférieur, la « dominée », prend une attitude de politesse quand elle rencontre une « dominante ». Ça vous choque ? Regardez un peu les employés d'un bureau quand ils croisent M. le Directeur...

Mais ces babouines ont un petit chaque année, qui, dès sa naissance, commence par s'accrocher aux poils du thorax de leur mère, puis s'installe sur sa hanche et enfin sur son dos. Une fois sevré, il va galopiner avec des copains, toujours surveillé par sa maman babouin qui ne le perd pas de l'œil.

Or, tout à fait comme les enfants des hommes, les petits babouins se disputent. Ces chamailleries dégénèrent facilement en véritables crêpages de chignon, avec des cris, des morsures, tout un Sabbat. Qu'arrive-t-il alors ?

Toujours la même chose. Les deux mamans se précipitent, chacune empoigne son petit qui, naturellement, lui raconte en pleurant que c'est l'autre qui a commencé. Et, bien sûr, chaque mère prend le parti de son babouinet. Vous imaginez la scène :

— Voulez-vous dire à votre petit de laisser le mien tranquille, madame !

— Mais pas du tout, c'est le vôtre qui... !

Entre humains, ça pourrait durer longtemps. Entre babouines, cette chamaillerie des mères s'arrête tout de suite. Parce que l'une des deux est forcément « dominante » de l'autre, et que la « dominée » ne peut pas se battre contre elle, son singeon à elle eût-il cent fois raison.

Alors elle l'emporte sous son bras en le consolant : « Il ne faut pas te battre avec ce petit babouin-là, mon chéri : tu vois bien que sa mère est une personne importante. »

Le petit babouin sèche ses larmes, et comprend. Il ne se disputera plus avec les fils ou les filles des babouines de haut rang. C'est ainsi que s'établit la hiérarchie, chez ses singes : par les mères.

Je suis de votre avis, tout cela n'est pas plaisant du tout. Injuste même. Mais ce rôle prédominant des femelles, dans la société des singes rouges du Japon, a eu une conséquence psychologique surprenante : ils ont une « culture » au sens que les intellectuels donnent à ce mot, et se la transmettent de génération en génération.

Une culture acquise, pas des façons de faire « instinctives ». Un peu comme nous nous transmettons, depuis des siècles, l'art de lire et celui d'écrire qui n'étaient évidemment pas instinctifs. Ce sont encore les Japonais qui l'ont découvert.

Une chose les surprenait : les conversations par gestes, entre babouins, n'étaient pas les mêmes selon l'île. Ici, le mâle qui fait sa cour à une dame doit dodeliner de la tête, dans l'île d'à côté il faut frétiller du derrière. Or ils étaient tous de la même race et, si on les mettait ensemble dans un zoo, ils finissaient par s'entendre et se reproduire très normalement.

Pourquoi ces différences ? Elles supposaient que, dans l'île numéro 1, quelqu'un apprenait aux petits singes ce qu'il faut faire dans tel ou tel cas, et que, dans l'île numéro 2, on leur apprenait autre chose. Cela se voit chez beaucoup d'animaux, mais pour les détails. Là, il s'agissait d'un acte essentiel, normalement commandé par l'instinct.

Les savants japonais savaient cela quand l'un d'eux, qui vivait depuis des années avec les babouins de certaine île pour savoir comment cela se passait, a constaté qu'ils mangeaient des patates douces, ces espèces de pomme de terre un peu sucrées qui poussent, sauvages, en pleine terre.

Un jour, il ramasse des patates à côté d'une dame babouin et, comme ils se trouvaient au bord de la mer, la trempe dans l'eau pour en enlever la terre et les petits cailloux, puis il la mange devant son amie babouine.

L'autre le regardait faire. Cette façon de tremper la patate dans l'eau semblait l'intéresser. Le Japonais recommence.

Cette babouine, étant singe, avait l'habitude de « singer », d'imiter ce que font les hommes. Elle trempe sa propre patate dans l'eau, la mange, trouve que c'est bon. Peut-être parce qu'il n'y avait plus de terre et de cailloux dessus, qu'il faudrait recracher ensuite, peut-être aussi parce que l'eau de mer salait sa patate. Elle trempe la patate suivante, etc.

Un an après, toutes les babouines de cette île avaient appris à tremper leurs patates dans la mer et, quand elles en ramassaient à l'intérieur, couraient jusqu'au rivage pour les tremper. Les singeons faisaient comme leurs mamans et, quelques années plus tard, toute la population singe de cette île-là en faisait autant. Ils avaient appris quelque chose de nouveau, ils se l'étaient enseigné les uns aux autres. Tout cela parce que les babouines l'avaient appris à leurs petits.

Votre cocker
a plus de deux mille ans

Il y aurait tant à dire sur les chiens que cent livres n'y suffiraient pas. Alors je vais vous parler d'un seul, mais qu'on adore : du cocker. Un cocker, c'est de la tendresse dans de la soie. Mais comment est-il devenu si gentil ? C'est toute l'histoire.

Une histoire qui commence voici bien plus de deux mille ans. Sous Philippe de Macédoine, le père d'Alexandre le Grand, qui régnait en 350 avant notre ère. On le sait par une médaille qui représente ce roi avec, à ses pieds, un cocker. Comment ce petit épagneul était-il là ? On n'en sait rien mais c'est un fait. Le cocker de Philippe était exactement le vôtre, si vous avez la chance d'en posséder un.

A propos, je viens d'employer le mot « épagneul » et bien des gens vous diront que ces chiens-là s'appellent ainsi parce qu'ils viennent d'Espagne. Espagne, épagneul, ça va de soi... Or c'est faux. L'épagneul était un chien d'arrêt qui se couchait.

Car chien d'arrêt, cela s'est d'abord dit, en

italien, chien « da rete », chien « de filet ». Pourquoi ? Parce qu'avant l'invention des arquebuses, on chassait les perdrix avec un filet, qu'on lançait sur la compagnie. Cela se passait ainsi : le chien s'approchait tout doucement des perdrix qu'il avait senties, s'arrêtait brusquement devant elles, les perdrix n'osaient plus bouger, et le chasseur lançait son filet qui, retombant, prenait toute la compagnie. C'est ainsi qu'est né le chien « da rete », d'arrêt.

Mais il y avait une complication : si au moment où le chasseur lançait son filet, le chien était resté debout, il l'aurait soulevé et les perdrix seraient parties en « piétant » à toutes pattes. Il fallait donc que le chien se couche. Or se coucher se disait « s'espagnir » en vieux français. Le chien « da rete » qui savait « s'espagnir » est devenu le chien d'arrêt épagneul. C'est simple.

Toujours est-il que voilà notre cocker (il ne s'appelle pas encore ainsi) en Macédoine, dans les Balkans. Il ne va pas rester là. Les siècles passent et, au xve, on le retrouve en Allemagne, toujours exactement pareil au vôtre, les dessins en font foi. On l'y appelle alors « chien des cailles ». Parce que le cocker chasse « à vue », en regardant son gibier au lieu de suivre son odeur à la trace.

Or la caille, qui vit souvent dans les trèfles, quand ils sont hauts, a l'habitude exaspérante de « piéter » pendant des quarts d'heure. De filer sous ces trèfles qui la cachent, si bien qu'on ne peut pas la tirer. Alors le cocker, derrière elle, saute en l'air, voit le friselis des trèfles qui bougent pendant que la caille piète et piète encore, et lui bourre dessus pour la forcer à s'envoler, après quoi le chasseur tire, d'où son emploi en Allemagne et son nom de « chien des cailles ».

Deux cents ans après, il arrive en France, baptisé « gredin ». On s'en sert pour chasser le lapin. Car le cul-blanc se fourre toujours dans des buissons impénétrables où, seul à peu près de tous les chiens, le cocker adore foncer. Il est toujours un simple chien de chasse.

Il le sera encore en Angleterre où il débarque au xviii\ :sup:`e` siècle. Les Anglais remarquent son plaisir à patauger dans les flaques, à se jeter dans les mares dès qu'il en voit une. Ils en concluent que ce chien-là fera un excellent collaborateur quand on tire le gibier d'eau, le dressent à chasser la bécasse. Le cocker, follement intelligent, comprend tout de suite ce qu'on attend de lui : aller chercher la bécasse tombée en plein marais et, nageant, la rapporter à son maître. Il fait cela si bien que les Anglais ne l'utilisent plus que pour cette chasse et, comme bécasse se dit « cock » dans leur langue, ils baptisent ce chien « cocker ». Mais ce merveilleux chasseur n'est pas encore un chien de compagnie.

Alors, la politique s'en est mêlée. En 1789, nous faisons notre Révolution, ça ne plaît pas aux Anglais, ils nous font la guerre et ils la feront à Napoléon jusqu'à 1815 et Waterloo où ils ont fini par en venir à bout. Vingt ans de guerres, où les gentlemen d'Angleterre ne pouvaient plus chasser, trop occupés à leurs batailles. Cela allait changer la vie de notre chien.

Car Lady tout-ce-que-vous-voudrez, pendant que son mari fait la guerre, s'ennuie à périr, à la maison. Il lui faut un gentil compagnon. Elle va faire un tour au chenil, trouve les grands pointers trop sérieux, les setters trop fous, et avise enfin ce petit bonhomme de chien, gentil comme tout, qui adore se faire caresser. Elle l'adopte, et le voilà enfin passé chien de compagnie.

Le cocker avait trouvé sa voie. Tendre au possible, comprenant tout ce qu'on lui dit, exigeant qu'on lui parle, partageant votre vie, propre comme un chat, joli à voir, câlin, avec une particularité : il lui faut une chaise. Les autres chiens se contentent d'un coussin, d'un tapis, le cocker veut sa chaise ou son fauteuil à lui. Ne l'oubliez pas pour le vôtre. Mais il a gardé ses habitudes d'autrefois. Mettez-le devant un champ de trèfles, il y foncera pour voir s'il n'y a pas de caille qui traîne par là. Placez-le devant un fourré il s'y précipitera parce qu'on ne sait jamais et que, sans doute, un lapin s'y est caché. Passez à côté d'une flaque, il y mettra les pieds. Longez un étang il ira faire un tour dans l'eau. A part ces manies, le meilleur chien du monde.

Tellement à la mode qu'à un moment donné, il y a une vingtaine d'années, les éleveurs, parce que tout le monde voulait des « cockers feu » se sont mis à en fabriquer à la chaîne, croisant chiens et chiennes de cette couleur sans s'occuper de consanguinité, mariant frères et sœurs par exemple. Résultat : les cockers feu sont devenus nerveux, parfois grognons. Ce défaut est maintenant corrigé, et les cockers d'aujourd'hui sont des amis irremplaçables. Tout cela grâce à Philippe de Macédoine et à Napoléon...

Pourquoi le caniche est-il nommé ainsi ?

Encore une histoire de chien ? C'est la dernière et elle est courte. Savez-vous pourquoi le caniche s'appelle ainsi ? Ceux d'entre vous qui font du latin répondront en haussant les épaules que caniche vient de « canis », chien, et que je ferais mieux de parler d'autre chose. Ils auraient tort.

Car le caniche est un chien très ancien. Regardez les fresques d'Égypte : vous y verrez des caniches bien frisés, coiffés « en lion » comme les nôtres, avec un petit boléro, et des anneaux de poils aux pattes. Ce qui prouve qu'on devait déjà les utiliser comme chiens de chasse au gibier d'eau car cette coiffure leur permet de sécher plus vite.

Les Arabes découvrent le caniche en Égypte au moment de l'Hégire, il y a donc mille trois cents ans, l'emmènent avec eux. On le retrouve dans les montagnes berbères où il y a encore des caniches-chiens de berger. Mais d'autres ont suivi l'invasion arabe, arrivent en Espagne et au Portugal.

Là, on comprend leurs qualités de chasseurs au gibier d'eau, et on les baptise « Çao de aqua », chiens d'eau, une race qui existe encore. Enfin, ils arrivent en France, suivant toujours leurs maîtres arabes qui s'en vont après la bataille de Poitiers où Charles Martel les a battus. Mais ils laissent ce chien derrière eux. Il se multiplie d'abord dans le Sud-Ouest, puis dans la vallée du Rhône et enfin dans toutes celles de nos provinces où se trouvent des marais.

Car nos ancêtres ont enfin découvert que ce chien laineux, résistant et fort intelligent, est un excellent chasseur de canards sauvages. Ils le spécialisent dans cette chasse. Or petit canard se disait alors « canichon ». Voilà d'où vient le nom de votre caniche : du canichon, du petit canard qu'on chassait un peu partout.

Mais, peu à peu, parce qu'on a besoin de cultiver des terres pour manger, nous asséchons nos marécages. Le canichon perd son emploi. Comme il est très gentil, joli à voir et que le faire bien coiffer plaît aux belles dames, le voilà chien de salon. Les premiers caniches nains apparaîtront sous Louis XV et, depuis, avec des éclipses de temps en temps, le gentil canichon, chasseur de canards, arrivé d'Égypte par l'Espagne, continue à faire la joie de ses maîtres.

Pourquoi chantent les cigales

Vous connaissez (ou vous devriez connaître) *la Cigale et la Fourmi* de La Fontaine :

> « La cigale ayant chanté
> Tout l'été
> Se trouva fort dépourvue
> Quand la bise fut venue
> Elle alla crier famine
> Chez la fourmi sa voisine
> La priant de lui prêter
> Quelques grains pour subsister... »

Ils sont si beaux, ces vers, que je les copie pour mon plaisir. N'empêche qu'ils disent de grosses bêtises.

Une seule vérité : la cigale a bien chanté tout l'été. Ça, c'est vrai, Mais le reste ! Quand la bise arrive (quand vient l'hiver) les cigales sont mortes. Et, en supposant qu'une d'entre elles ait survécu, que voulez-vous qu'elle fasse, la pauvre, de « quelques grains » ? Elle vit en pompant la sève des arbres avec la petite trompe de son bout d'nez.

Vous me direz que La Fontaine vivait à Château-Thierry où il n'y a pas de cigales. C'est vrai. Que son plus grand voyage vers le Midi l'a conduit jusqu'à Poitiers, voyage tellement épouvantable qu'il jura de ne plus recommencer. C'est vrai aussi. Évidemment, si M. de La Fontaine avait habité Arles, il n'aurait pas écrit ces sottises, mais nous serions privés de sa plus jolie fable. Ce qui prouve qu'il faut beaucoup pardonner aux conteurs d'histoires.

Car la vie de la cigale a quelque chose d'effarant : c'est un animal souterrain ! Trois ans de son existence, cette petite bête les passera sous terre, dans le noir. Et puis, pendant quelques mois, au grand soleil, elle chantera. Pour se remettre, je suppose, de cet emprisonnement.

Tout commence en fin d'été, quand une femelle cigale pond ses œufs dans les fentes d'un vieux tronc. Des œufs blancs, qui, dans quelques jours, vont éclore, donnant de petites larves qui se décrochent de leur tronc fendillé et, tout de suite, s'enfoncent dans le sol. Car c'est là qu'elles trouveront gîte et nourriture.

Elles vivront, pendant ces trois ans-là, en piquant les petites racines qu'elles rencontrent, sous terre, et en leur aspirant une minuscule goutte de sève. Très peu. A peine. Si bien que la plante, là-haut, ne s'en aperçoit pas. Vous pouvez loger mille cigales sous votre jardin, les plantes pousseront normalement. Tandis que, si vous y hébergiez cent hannetons, il ne resterait plus rien parce que, eux, ils coupent les racines.

Trois ans s'écoulent ainsi. La petite larve se transforme de temps en temps, par ses mues, monte vers la surface quand il fait chaud, s'enfonce dans le sol en hiver, bref va et vient, comme un prisonnier qui marche dans sa prison. Trois ans... certaines même, au Mexique, y restent dix-sept ans.

Enfin, dernière mue, la voilà parfaite. Elle émerge de terre, sa vieille peau se déchire, elle en sort lentement, péniblement. Un peu surprise, tout de même : c'est la première fois qu'elle voit le soleil. Que reste-t-il des souvenirs de sa vie souterraine ? Pas grand-chose, sans doute. Certainement l'habitude de pomper la sève avec sa trompe, car c'est encore ainsi qu'elle va se nourrir mais, au lieu de piquer les racines, il s'agira de branchettes. Et peut-être (là, c'est une idée à moi) l'horreur du noir et de la solitude.

D'autant plus que la petite cigale sent, sur son dos, quelque chose d'absolument nouveau : des ailes ! Ça doit lui faire un drôle d'effet. Elle sait sans doute à quoi ça sert et que, comme ça, toutes froissées, ses ailes sont encore inutilisables. Madame Cigale les déplie au soleil, et, quand tout est prêt (comment le sait-elle ?) s'envole, gagne le sommet d'un arbre, d'un olivier, d'un pin, d'un chêne de préférence.

Pourquoi ceux-là ? D'abord parce que nous sommes en Provence où il y a beaucoup d'oliveraies, de chênaies, de pinèdes. Ensuite pour quelque ordre obscur que doit lui donner son instinct : l'écorce des branchettes du chêne, du pin, de l'olivier se laissent percer facilement. Quand on vit de leur sève, c'est intéressant. Elle doit, je suppose, reconnaître ses arbres à leur odeur.

La voilà en haut de son arbre. Pourquoi là ? Pour deux raisons : c'est en haut qu'il y a le plus de petites branches toutes neuves, et de soleil. Supposez que vous soyez cigale et que vous ayez passé trois ans dans le noir...

Au sommet de son chêne, nouvelle découverte : elle peut chanter ! Savait-elle obscurément, pendant ses trois ans sous la terre, qu'un jour elle chanterait ? Vient-elle de s'en apercevoir ? En tout cas, ça doit lui faire rudement plaisir. Un nouveau jouet et surtout un moyen de communiquer avec des gens qui parlent comme elle ! Encore une fois, supposez que, toute votre enfance, vous ayez vécu tout seul, dans une pièce noire. Et puis, brusquement, vers vos huit-dix ans, vous entendez des chants d'enfants, vous apprenez que, vous aussi, vous savez chanter ! Que feriez-vous ? Vous chanteriez de joie, pour que les autres vous entendent et chantent avec vous.

Ne m'accusez pas de faire de la poésie bon marché. Je viens de vous expliquer ce que les savants expriment ainsi : « *Le chant de la cigale, lancé par les mâles et par les femelles, est probablement un simple chant de contact, destiné à constituer et rendre cohérents de petits groupes où mâles et femelles se rencontreront plus aisément.* » Vous auriez mis un quart d'heure à comprendre, et ce que je vous ai raconté dit, moins bien peut-être, mais exactement la même chose.

Car notre cigale va chanter. Chanter éperdument, dès qu'il fait soleil. Elle a pour cela un instrument extraordinaire. Imaginez, dans une

« chambre de résonance » qui augmente la puissance du son comme la caisse d'un violon, deux petites membranes assez souples que des muscles font se contracter et se détendre. Un peu comme si vous preniez entre vos doigts le couvercle rond d'une boîte de conserve en aluminium. Vous serrez, il se creuse, vous lâchez, il redevient plat et ça fait clac.

C'est l'instrument de musique de la cigale, à ceci près qu'elle fait claquer ses membranes des centaines de fois par seconde. D'où un bruit fantastique, un pssht-pssht qui ne s'arrête pas, si puissant que, s'il y en a plusieurs sur le même arbre, les gens, dessous, ne s'entendent plus parler. Gênant ? Si jolie, cette chanson de soleil, que rien qu'en y pensant on croit voir les oliviers de Provence avec le ciel par-dessus.

Elle chantera comme cela tout l'été. Pour rien, pour le plaisir, pour que les autres, sur leurs oliviers, leurs pins ou leurs chênes, n'oublient pas qu'elle est là. Pour ne plus se sentir seule, comme pendant les années souterraines. Parce qu'elle est contente d'être au soleil. Parce qu'elle a échappé à la guêpe solitaire.

C'est la pire ennemie de nos cigales. Une sale bête de guêpe, qui vit toute seule au lieu de construire un guêpier comme les autres. Une barbare : quand elle a vu une cigale, elle fonce, la pique, la paralyse, l'emporte dans un trou qu'elle avait déjà creusé, l'y met tout immobilisée, pond son œuf dessus, referme le trou avec de la terre et s'en va. L'œuf éclora, la larve aura faim et mangera la pauvre cigale paralysée, toute vivante. Parce que, figurez-vous, cette damnée larve n'aime que la chair fraîche. C'est pour cela que sa maudite mère a attaqué notre cigale. Alors, si vous voyez une de ces guêpes (elles ont l'abdomen plus noir que les autres) pas de pitié !

Mais très peu de cigales meurent ainsi, chez nous. La plupart vont chanter et chanter encore, et puis les mâles rencontreront les femelles, qui iront pondre dans un tronc fendillé et ensuite les cigales se tairont. Elles mourront au premier froid mais d'autres larves sont prêtes, sous la terre, à se transformer en cigales, pour chanter tout l'été prochain.

La lumière froide du ver luisant

Vous vous promenez, un soir d'été et quelque chose brille par terre, entre les bruyères. Vous dites : « Tiens, un ver luisant... » Double erreur : ce n'est pas « un » mais « une », et ce n'est pas un ver, mais la femelle d'un coléoptère appelé « lampyre ». Une personne qui n'a pas d'ailes alors que le mâle en possède. Pour l'attirer, elle a allumé la petite lampe du bout de son abdomen. Elle a le feu au derrière, en somme...

C'est le seul animal, chez nous, qui fabrique sa propre lumière. Cousin en cela des « lucioles » qu'on voit danser dans l'air, points lumineux dans la nuit des pays chauds. Là encore, ces lumières sont un appel, et qui varie selon les espèces, car les lucioles, au contraire de notre dame ver luisant qui reste bêtement allumée sans bouger, éteignent leur lanterne au commandement. Si bien que chaque espèce de lucioles, pour attirer ses congénères, émet de véritables messages en morse. Telle espèce émet « longue-brève-longue » telle autre « brève-brève-longue », par exemple. D'où une terrible astuce de ces petites bêtes : on lance le signal d'une autre famille, ça fait venir une luciole de cette famille-là, elle arrive toute contente d'avoir été appelée et on la mange...

Notre lampyre n'en est pas là. Bien sûr cette femelle a tendance à boulotter son mâle quand, attiré par sa petite lumière, il vient lui rendre visite, mais c'est leur problème. Le nôtre, c'est sa lumière. D'où vient-elle ?

Elle porte un petit phare au derrière. Dessous, une coupe de peau épaisse, opaque : le réflecteur. Dessus une pellicule transparente : la vitre. Entre les deux, un grand mystère : la lumière froide.

Ça n'a l'air de rien, ces deux mots « lumière froide » mais sous eux, il y a ce qu'on appelle aujourd'hui la « crise de l'énergie ». Parce que, quand nous faisons de la lumière — n'importe quelle lumière, ampoule électrique, lampe à pétrole ou bougie — nous gaspillons quatre-vingt-quinze pour cent d'énergie. Quatre-vingt-quinze pour cent ! C'est formidable. Vous tournez le bouton, vous allumez votre lampe de chevet, la lumière dont vous avez besoin utilisera cinq pour cent de tout ce qui est produit pour qu'elle éclaire. Le reste, les quatre-vingt-quinze pour cent ? Pfft ! partis en chaleur, perdus. Quatre-vingt-quinze pour cent du charbon tiré des mines, du pétrole qui coûte si cher sont ainsi jetés en l'air.

Vous pensez si la « lumière froide » du ver luisant a passionné les chimistes ! Comment faisait-il, ce petit coléoptère de rien du tout pour allumer sa lanterne sans produire, ni par conséquent gaspiller, la moindre chaleur ?

On a étudié ce qui se passait dans le petit réflecteur et découvert deux produits chimiques que personne n'avait jamais vus encore, et qui, en se mélangeant donnaient la fameuse lumière froide, se décomposaient, se recomposaient et recommençaient à fabriquer leur lumière en ne consommant rien d'autre que l'oxygène que leur apportait l'organisme du ver luisant.

De la lumière froide, et qui durait aussi longtemps que son propriétaire puisqu'elle ne s'éteignait qu'à sa mort. Une réaction chimique formidable, surtout quand le prix du pétrole grimpe et grimpe encore. Tout cela grâce à ces deux produits, inconnus jusque-là, que les chimistes avaient baptisés « luciférine » et « luciférase » parce que Lucifer est le roi des démons et qu'il leur semblait qu'il y avait quelque chose de diabolique là-dedans.

Messieurs les chimistes n'avaient pas tort... Ils ont analysé la luciférine et la luciférase des vers luisants, ils ont établi leur formule, ils se sont mis à en fabriquer... Ça marchait, ça éclairait sans produire de chaleur, ça donnait de la lumière froide seulement voilà : les fabriquer coûtait effroyablement cher. La lumière froide du ver luisant est au-dessus de nos moyens.

Alors ? Si vous avez envie de faire des économies d'électricité, vous pouvez toujours essayer de mettre des vers luisants dans une petite cage et d'éclairer votre livre avec. Les étudiants chinois le faisaient autrefois, quand ils étaient très pauvres. Les filles, si elles sont coquettes, peuvent aussi se mettre des vers luisants dans les cheveux : c'est la mode, en Amérique du Sud.

Entre nous, je crois qu'il vaut mieux laisser ces petits coléoptères tranquilles, en regrettant qu'ils puissent s'offrir un éclairage que nous ne sommes pas capables de fabriquer parce qu'il coûte trop d'argent...

La migration-suicide
des lemmings

Il faut d'abord savoir une chose : les animaux ne se suicident pas. Pour se suicider, il faut savoir ce qu'est la mort : les bêtes n'en ont aucune idée.

Le chien qui meurt après la mort de son maître ? Il ne se tue pas, il s'est laissé mourir parce que cet événement — la disparition du seul être qu'il aimait — l'avait si profondément bouleversé (on dit « traumatisé » maintenant, c'est plus savant et c'est la même chose) qu'il ne pouvait plus manger. C'est d'ailleurs plus impressionnant encore.

Mais certains animaux semblent bien se tuer volontairement, en se noyant. Ce sont les lemmings, des rongeurs assez petits, qui, en Europe, habitent les forêts de Suède et de Norvège. Un peu semblables à des mulots. Timides, ne sortant que la nuit pour grignoter par terre, se cachant dès l'aube, et pas très nombreux car la femelle ne donne, en général, qu'une seule portée par an. Si bien qu'on les voit très rarement, d'ordinaire.

Mais de temps en temps, pour des raisons qu'on

ne connaît pas encore (j'y reviendrai) ces femelles se mettent à donner quatre ou cinq portées dans l'année. Il y a donc surpopulation de lemmings. On en voit partout, à ce moment, et en plein jour. Ils courent, ils mangent, ils se battent sans se cacher. Et il en arrive toujours de nouveaux puisque les femelles accouchent encore et encore.

Alors, un phénomène extravagant se produit. Ces lemmings, jusque-là timides, n'ont plus peur de rien. Ces animaux qui avaient l'air de s'éviter les uns les autres se réunissent en foules énormes — des millions de lemmings en colonne — et ces colonnes s'en vont, comme affolées, à travers la campagne. Une invasion, une migration en masse compacte.

On voit alors l'armée des lemmings traverser les routes sans souci des autos qui les écrasent, entrer dans les villages, hallucinés. Les chiens, les chats en tuent, peu importe. Ils avancent et ils avancent encore.

Une année ils ont ainsi traversé Stockholm, et même (à croire qu'ils faisaient exprès) galopé dans les couloirs du Muséum d'histoire naturelle de cette capitale de la Suède. Et ils vont, et ils vont toujours.

Enfin, cette horde insensée arrive à la mer... et les lemmings se jettent à l'eau. Naturellement, ils s'y noient tous.

Quelques-uns étaient restés dans les bois du Nord. Ils se reproduiront normalement l'année prochaine, avec une seule portée, et la vie des lemmings reprendra, jusqu'à la prochaine migration-suicide.

Voilà les faits. Maintenant, il faut les expliquer. Disons d'abord qu'on ne sait pas du tout pourquoi, cette année-là, les femelles se sont mises à donner plusieurs portées au lieu d'une. C'est le seul mystère. Le reste se comprend.

Une fois qu'ils sont tellement nombreux, les lemmings perdent littéralement la tête. Voir des congénères sortir de tous les coins alors qu'avant chaque famille était presque seule dans son morceau de forêt, sentir l'odeur de leurs pareils sur toutes les herbes, au pied de tous les troncs, cela les affole.

Non qu'ils soient capables de raisonner, de se dire : « Il n'y aura jamais assez à manger pour toute cette foule de lemmings », mais simplement parce que c'est anormal, traumatisant. Fous au sens vrai du terme, ils s'en vont et ils marchent, marchent, parce qu'à droite et à gauche il y a d'autres lemmings qui marchent aussi et que leur pauvre cerveau est tellement dérangé qu'ils ne peuvent rien faire d'autre qu'imiter le voisin. Aliénés. D'où cette traversée des villages, des villes. Ils ne savent plus ce qu'ils font.

Reste le dernier acte : la ruée vers la mer. Il s'explique encore : en route, les lemmings ont traversé des rivières. Beaucoup y sont restés mais les autres ont survécu car le lemming sait nager. Pour eux, la mer qu'ils rencontrent n'est qu'une rivière comme les autres. Comment sauraient-ils que ce n'est pas la même chose ? Alors, ils s'y jettent pour la traverser...

Mais il y a, je vous l'ai dit, un point encore mystérieux, dans cette sombre histoire : pourquoi les lemmings, certaines années, se reproduisent-ils tellement ? Nous n'en savons rien mais quelqu'un le sait. Le harfang.

Le harfang est un grand oiseau nocturne, cousin de nos chouettes et de nos hiboux, qui vit dans les forêts du Grand Nord et se nourrit de lemmings qu'il attrape, dans le noir des longues nuits polaires. Il doit forcément s'intéresser aux lemmings... Or on a constaté que, les années où ces petits rongeurs allaient se reproduire en foule, le harfang pondait plus d'œufs que d'habitude. Comme si cet oiseau savait qu'il y aurait davantage à manger et qu'il pourrait élever plus de petits harfangs? Cela, expliquez-le si vous pouvez.

Faut-il parler du renard ?

On ose à peine parler du renard, à présent. A cause de la rage et parce que, sur ordre des savants, on tue tous les renards de nos bois, censés transmettre la terrible maladie qui, partie de Pologne il y a des années, est maintenant chez nous.

Ceux qui ont décidé cette extermination sont des savants véritables, loyaux, amis des bêtes en général... Alors je ne dirai pas que, renards tués ou pas, l'épidémie avance quand même, que quand on tue un renard un autre vient prendre sa place, et je ne dirai pas non plus que les belettes, les chats sauvages et les chats harets peuvent transmettre la rage aussi bien que le renard. Je ne dirai rien de tout cela parce que ces savants-là savent ce qu'ils disent et nous parlerons des renards comme si la rage n'existait pas.

C'est l'animal le plus rusé de nos forêts. Tout ce qu'on raconte à son sujet est au-dessous de la réalité. Il est exact que le renard ne tue jamais près de chez lui, comme s'il savait qu'ainsi on le laissera tranquille, dans son terrier. Il est exact que le renard sait faire le mort.

Bien des chasseurs ont vécu cette scène : on organise une battue et, une fois massacrés faisans et perdreaux, on les met sur une charrette pour les ramener au rendez-vous de chasse où on se les partagera.

Parmi eux, le renard qu'un des chasseurs a descendu. Il est couché avec les autres, aussi mort qu'on peut l'être. Oui, mais, à un moment donné, quand personne ne surveille la charrette, votre mort se réveille et file. Bien heureux s'il n'emporte pas un des perdreaux pour son dîner.

Il est exact aussi que le renard sait imiter le cri de la poule pour l'attirer. Cela se passe dans les régions boisées où on élève les poulets dans les cours de ferme. Quelquefois, une poule s'égare dans le bois, ne revient pas chez elle le soir. Les renards chassent alors à deux. Le premier, au milieu du bois, fait « cot-cot-cot », imite à s'y méprendre le cri de la poule qui appelle, et, pendant ce temps, l'autre se faufile de fourré en fourré. La poule perdue va vers le cri qu'elle connaît bien et se fait prendre.

Mais les ruses du renard deviennent incroyables quand il est poursuivi par des chiens. En chasse à courre, par exemple, car on « court » le renard, en Angleterre surtout. Il sait évidemment que les chiens, qui aboient là-bas, le suivent à la trace, à son odeur. Le problème est donc de supprimer cette odeur. Ce qu'il fait de plusieurs façons : souvent, le renard se contente de filer tout droit vers un troupeau de moutons et de se glisser parmi eux. Comme les moutons sentent très fort, sa trace est effacée et les chiens le perdent définitivement.

Seconde technique, que le renard employait au temps où on labourait en faisant tirer la charrue par une paire de bœufs, dont l'odeur est puissante : le renard galope en avant, avise un paysan en train de labourer et, tranquille comme Baptiste, se met gravement devant les bœufs, marche à leur pas un grand moment. Leur fumet efface le sien et les chiens le perdent encore.

Je pourrais vous raconter des histoires de renard jusqu'à demain mais ce qu'il faut, c'est expliquer pourquoi il est devenu si rusé. C'est très simple : parce qu'il est faible. Moins costaud que le chien qui l'a pris en chasse, en tout cas. Vous avez trouvé un terrier de renard, vous savez que Goupil est chez lui, vous dites au chien d'y aller voir. Si c'est un bull-terrier ou un fox, il entrera dans le terrier avec allégresse, les deux bêtes se battront férocement dans le noir et régulièrement, vous verrez sortir le chien, sanglant mais tirant le renard tué. D'être si faible l'a obligé à ruser. D'année en année, apprenant chaque fois quelque nouveau tour, il finit par savoir ce qu'il faut faire cas par cas.

Même mentir. Voici la scène : un pré et, dans ce pré, un renard qui mulotte. Mulotter, c'est chasser le mulot, la souris, en les écoutant creuser leurs galeries sous terre et, lorsqu'on a deviné où ils sont, se précipiter, gratter à toute allure et les attraper. Une chasse très occupante. Le renard mulotte donc quand un lièvre en promenade arrive dans le pré. Il voit que le renard mulottant ne s'occupe pas de lui, commence à cueillir les herbes qui lui plaisent, à les grignoter en fronçant le nez, à la façon des lièvres. Le renard continue de mulotter fébrilement mais, comme c'est bizarre, il se rapproche insensiblement du lièvre. Sans le regarder, en lui tournant le dos, en ayant l'air de ne s'occuper que de ses mulots, mais de plus en plus près. Alors cela devient assez drôle. Le lièvre s'aperçoit parfaitement que le renard se rapproche, mais l'endroit lui plaît. Et puis, braver l'ennemi, c'est amusant. De l'air négligent d'un lièvre qui change d'idée, il gagne un mètre, puis deux, puis trois. Le renard mulotte toujours, et revient près du lièvre. Celui-ci, sans s'en faire, s'écarte encore. En général, le renard comprend qu'on a deviné ses projets et s'en va sans insister.

Il y a des cas où Goupil exagère. Je me souviens, en forêt de Tronçay, avoir vu, dans une clairière, un innocent petit chevreuil qui jouait avec un renardeau. Ils couraient l'un après l'autre, le chevreuil faisait semblant de donner des coups de patte et l'autre faisait semblant de mordre. Rien que semblant, en faisant claquer ses dents à trente centimètres des fines pattes du chevrillon. Ils s'amusaient vraiment. Pourtant cela pouvait mal finir : le chevreuil est terriblement agile mais les dents du renard claquaient de plus en plus près. J'ai crié, les deux bêtes sont parties chacune de son côté et j'ai eu l'impression d'avoir fait une bonne action.

Voilà ce que sait faire ce renard qu'on extermine. Les savants disent que c'est nécessaire, alors... Mais serait tout de même excellent, si ces savants trouvaient un autre moyen pour arrêter l'épidémie de rage : en semant, dans les bois, des boulettes de vaccin antirabique par exemple. Il paraît qu'on le fait, en Allemagne, et que ça réussit...

L'affaire dauphin

L'affaire Dauphin a commencé il y a trente-cinq millions d'années. Dans un coin d'Égypte nommé le Fayoum, alors au bord d'une mer.

Un animal traînait par là, un brave quadrupède dont on a retrouvé les fossiles. Il mangeait des petites bêtes sur la rive, les poissons qu'il arrivait à prendre dans l'eau, un peu comme les ours Kodiak qui chipent des saumons dans leur rivière.

Sa situation était assez délicate : d'un côté, sur la terre ferme, des fauves dangereux, de l'autre, dans la mer, de grands sauriens plus dangereux encore. Notre quadrupède hésitait.

Là-dessus, coup de chance, les grands sauriens de la mer sont morts. Plus d'ennemi de ce côté-là, et beaucoup de gibier car la mer est un inépuisable réservoir à poissons. Tranquillité, nourriture, tout ce qui était nécessaire à cet animal était là : ce que les savants appellent une « niche écologique ». Le quadrupède s'est jeté à l'eau. Nager ? Il savait faire.

Les millénaires ont coulé, la nature à fait son

métier, l'évolution a transformé cette bête : ses pattes sont devenues des nageoires qu'on appelle des ailerons, son corps s'est allongé, fuselé, ses narines, au lieu de rester au bout du nez comme celles de tous les mammifères, ont reculé peu à peu pour se retrouver sur le dessus de sa tête, sa peau s'est modifiée, avec de petits muscles dessous qui la font se creuser quand passent les filets d'eau, si bien qu'il peut nager à des vitesses incroyables, sa gueule est devenue bec, son cerveau s'est développé, un petit émetteur d'ultra-sons est apparu. Pour tout dire cet animal s'est fabuleusement perfectionné : le dauphin était né. Ça a l'air d'un conte de fées ? Allez voir les zoologues : ils vous montreront des fossiles qui suivent cette évolution à tous ses stades.

Voilà le dauphin roi des mers. Mammifère, il est plus intelligent que tous les poissons. Son appareil à ultra-sons résout les problèmes alimentaires : pas besoin de chercher ses proies, on lance des ultra-sons, qui filent, rencontrent un poisson, reviennent en « écho » à un petit système, comparable à nos ordinateurs, qui analyse cet écho, dit au dauphin où est le poisson et on n'a plus qu'à aller le chercher.

Rien à craindre de personne : le requin, pirate des mers, a peur de lui car le dauphin a inventé un coup imparable contre ce forban ! Il fonce, cogne son bec contre le thorax du requin qui en meurt.

Une seule petite difficulté : il faut respirer puisqu'on est mammifère et pas poisson. Cela s'arrange facilement : le dauphin nage en saute-mouton, en sortant régulièrement de l'eau pour prendre une goulée d'air. Quand il veut plonger (on dit « sonder ») il ferme son évent et descend.

Si bien armé, si parfaitement équipé, ce personnage devait se développer remarquablement. C'est ce qui est arrivé. Son cerveau a grossi, il s'est compliqué au point qu'on a le droit de dire que l'être, ici-bas, qui a le meilleur cerveau est le dauphin. Tout cela était fait lorsque l'homme est arrivé.

Alors la véritable « affaire dauphin » débuta. L'homme s'est aperçu très vite que le dauphin ne l'attaquait jamais. Pourquoi ? On n'en savait rien. Notez qu'on l'ignore encore. Mais on se le racontait.

La légende d'Arion est très ancienne : cet Arion était poète, et naviguait en Méditerranée. Les pirates attaquent son bateau comme aujourd'hui les détourneurs d'avions, demandent une rançon au poète. Il répond qu'il n'a pas d'argent. On lui dit qu'on va le jeter à l'eau, il demande qu'on le laisse chanter un dernier poème, le chante, des dauphins arrivent pour l'écouter et quand on jette le poète à la mer, ils le recueillent sur leur dos et le ramènent à la côte.

Légende, conte de bonne femme ? Il y en avait des centaines, qu'on répétait dans toute la Grèce, et les esprits forts en riaient. Il fallait vraiment être sot pour croire ces sornettes... Mais les gens du bord de la mer savaient bien que le dauphin ne les attaquait jamais et qu'on pouvait jouer avec lui, dans l'eau. On écrivait des fables à ce sujet, comme celle du dauphin et du singe qui « prit Le Pirée pour un nom d'homme » que notre La Fontaine a trouvée chez le vieil Ésope. D'autres encore. Les savants, siècle après siècle, haussaient toujours les épaules.

Tout de même, ils ont commencé à réfléchir quand, voici une soixantaine d'années, les gens d'Australie qui se baignaient prudemment aux bords d'une mer où traînaient des requins, ont raconté qu'un certain dauphin, nommé Opo, venait jouer avec eux, et les accompagnait au large comme pour les protéger des squales. Cela, c'était certain : on avait des photos.

Les savants se sont demandé ce qui se passait, chez ce curieux Opo. Ils se le sont demandé plus encore quand, vers 1930, un étrange incident s'est produit. Le yacht d'un milliardaire américain croisant en Pacifique sud, avec plein de belles dames et de beaux messieurs à son bord, se voit entouré d'une foule de dauphins, qui se conduisaient de façon bizarre : au lieu de jouer à dépasser le yacht, de s'amuser à faire de l'équilibre sur les « moustaches » provoquées par l'étrave, ils sautaient en l'air devant cette étrave, ils se dressaient. On aurait dit qu'ils voulaient que le bateau s'arrête.

Le milliardaire n'était pas pressé : il faisait cette croisière pour son plaisir. On met le bateau en panne, une chaloupe prend la mer au milieu des dauphins bondissants qui, tous, disparaissent. Et voilà qu'apparaît, au loin, un curieux équipage, qui se rapproche lentement : deux grands dauphins en soutenaient un troisième, plus petit, qu'ils tenaient coincé entre eux.

Les marins de la chaloupe, qui avaient vu beaucoup de dauphins, expliquent que ces animaux font toujours cela lorsqu'un des leurs est en difficulté. Ils l'encadrent à deux, le soutiennent, le maintiennent au-dessus de la surface. Comme ça, il peut respirer et survivre. Si on le laissait tout seul, il coulerait et se noierait, puisqu'il est en mauvais état et ne peut plus faire ses saute-mouton.

Le trio arrive tout contre la chaloupe, les deux

grands dauphins disparaissent, on rattrape le petit qui surnage, on le hisse à bord : une tumeur bouchait son évent et l'empêchait de respirer normalement... On a opéré la tumeur, l'opération n'a pas réussi, les dauphins sont pourtant revenus cavalcader autour du yacht comme pour dire merci et, les savants ont dû se rendre à l'évidence : non seulement le dauphin n'attaquait pas l'homme, (tout le monde le savait déjà) mais il essayait de nous rendre service (l'histoire d'Opo le prouvait) et, par-dessus le marché, il tentait de prendre contact avec nous. Que se passait-il chez ce personnage ? L'affaire Dauphin passait de la légende au monde des savants.

Il fallait d'abord, savoir ce que se disaient les dauphins. Car ils parlaient entre eux, indiscutablement : on les entendait. Un mélange de crissements, de sifflements, de craquements. Première chose à faire : décrypter ce langage. Imaginez que vous arrivez dans une île où les gens parlent une langue inconnue : votre premier souci sera de comprendre ce qu'ils racontent. Ensuite, vous pourrez aviser. Les savants se sont donc mis à enregistrer et enregistrer encore les conversations de dauphins. Il y a, actuellement, plus de deux cent mille kilomètres de ces bandes magnétiques.

Ils avaient inventé un truc ingénieux. Vous prenez deux dauphins, amis, de préférence un mâle et sa compagne, vous les mettez dans un grand, un très grand aquarium. Ils nagent côte à côte, le visitent. Puis vous les séparez en coupant cet immence bassin en deux, par une cloison opaque, pour qu'ils ne se voient pas, et qui dépasse la surface d'assez haut, de sorte qu'ils ne peuvent pas s'apercevoir en sautant.

Vous mettez alors un microphone sous-marin de chaque côté, relié à un haut-parleur qui se trouve dans l'autre demi-aquarium, et vous attendez. Très vite, les dauphins apprennent à se servir du micro. Ils se téléphonent, vous n'avez plus qu'à enregistrer ce qu'ils se disent.

Actuellement, on sait deux choses. D'abord que les dauphins parlent tous la même langue : on a fait se téléphoner des dauphins de Californie et avec leurs cousins des îles Hawaii. Il se répondaient, donc leur langage était le même. Que se disaient-ils ? C'est une autre histoire...

Il semble que chaque phrase de dauphin commence toujours par la même séquence, un peu comme notre « Allô » international. Certains disent qu'ensuite arrive une séquence propre à chaque dauphin : « Ici Robert, ici Marcel ». Après, ça siffle, ça craque, ça grogne, ça crisse sans qu'on sache de quoi il s'agit.

Là, un intermède regrettable dans l'affaire Dauphin. Un mensonge... Un des chercheurs, Américain dont il vaut mieux ne pas citer le nom, mais qui alors était très estimé des autres savants, envoie des rapports stupéfiants : « Ses dauphins, qu'il faisait converser comme je vous l'ai expliqué, commençaient à employer des mots d'anglais. Ceux qu'ils entendaient prononcer par leurs gardiens. Un peu déformés, mais reconnaissables. » C'était formidable : plus besoin d'apprendre la langue-dauphin puisqu'ils apprenaient la nôtre ! Ce savant devient célèbre, on tire un roman, très beau d'ailleurs, de ses rapports, et un film magnifique.

Seulement, les autres chercheurs avaient des doutes. Ce savant racontait aussi qu'il avait donné du L.S.D. à ses dauphins parleurs. Bizarre... On y va voir, on lui demande de faire entendre les bandes magnétiques où ses dauphins employaient des mots anglais. Pas moyen... Il avait tout inventé.

A l'heure qu'il est, ce faux savant a abandonné ses recherches, il est gourou, mage, dans un groupuscule de Californie... Il fallait tout reprendre à zéro.

On continue d'enregistrer tant qu'on peut. On sait par où, dans la figure des dauphins, passent les sons qu'ils émettent. On sait que ces cris ont un sens, mais lequel ? Un des plus importants chercheurs, spécialiste de renommée mondiale, me disait en 1977 : « Il est probable que notre cerveau d'humains n'est pas capable de poser aux dauphins les questions qu'il faut, pour que les dauphins nous répondent. » C'est humiliant, mais on en est là...

Pendant ce temps, l'affaire Dauphin gagnait le grand public. On exhibait des dauphins dans les « Marineland », on essayait aussi de les utiliser pour la guerre. Les Américains ont effectivement tenté de dresser des dauphins à aller poser des bombes sous la coque de navires ennemis et à revenir ensuite. Ça n'a pas marché parce que le dauphin veut bien travailler mais à condition qu'on le récompense tout de suite en lui donnant un poisson. Sinon, il fait grève. Or ces transports de bombe duraient trop longtemps pour son goût.

D'autres pays faisaient des tentatives comparables. En voici une que je vous raconterai sans préciser l'endroit, parce que je n'ai pas le droit.

Alors, je vous dirai ce qui s'est passé comme s'il s'agissait d'un conte de fées.

— Il y avait une fois un grand pays qui s'était offert des sous-marins atomiques. Il les gardait dans le garage souterrain d'une de ses îles.

Mais vous savez ce que c'est, quand on a un sous-marin atomique : il y a toujours des gens qui viennent fouiner autour, pour voir comment il est fait. On appelle cela l'espionnage. Ce grand pays avait tout ce qu'il faut de contre-espions pour empêcher les espions étrangers d'aller jusqu'à son île, s'ils venaient de terre. Mais s'ils essayaient d'y entrer par mer, hommes-grenouilles sortant d'un sous-marin par exemple ?

Il fallait aviser. On fait venir des dauphins, on les dresse : ils circuleraient autour de l'île jour et nuit, sans s'en faire mais, dès qu'ils apercevraient quelque chose de suspect, un homme-grenouille, par exemple, ou un sous-marin, vite vite ils reviendraient vers l'île et, du bout du nez, appuieraient sur un bouton rouge qui donnerait l'alarme.

Le dressage se fait sur une plage de ce grand pays, dans un coin bien paisible, loin de tout, où seulement, en été, venaient des colonies de vacances. Tout se passe à merveille, les dauphins apprennent très bien leur métier de gardiens, se promènent au large, reviennent et appuient sur le bouton rouge toutes les fois qu'ils rencontrent un homme-grenouille, un sous-marin ou n'importe quoi de pas ordinaire. Les officiers de la marine du grand pays étaient enchantés.

Là-dessus juillet arrive, et les colonies de vacances. Joie des dauphins qui jouent avec les enfants, bonheur des enfants, fous de plaisir de pouvoir, dans l'eau, s'amuser avec des dauphins qui, au surplus, les ramènent au rivage quand les gosses sont allés trop loin. Tout le monde est content. Juillet, août passent ainsi. Arrive septembre : les colonies de vacances s'en vont.

Et savez-vous ce qu'on fait les dauphins en trouvant la plage vide ? Ils ont déserté ! On les a vus prendre le large et ils ne sont pas revenus...

Pensez-en ce que vous voudrez mais voilà mon idée à moi, sur cette histoire du langage des dauphins. Je suis convaincu que nous finirons par comprendre ce qu'ils se disent, un jour ou l'autre. Et que nous pourrons parler avec eux, même s'il faut, pour cela, fabriquer des instruments compliqués. Mais, à ce moment, les Grandes Personnes, les Gens Sérieux, nous défendront de bavarder avec les dauphins.

Pourquoi ? Réfléchissez : ils ne font que manger, se reposer et jouer, et ils sont, c'est très probable, plus intelligents que nous. Alors savez-vous ce que les dauphins nous diront ?

« Vous n'êtes pas fous, de travailler comme vous le faites ? Vivez donc comme nous, en mangeant, en vous reposant, en jouant tout le reste du temps... » Ça indignera les Grandes Personnes, les Adultes... L'affaire Dauphin s'achèvera par le silence.

La douve qui voulait retrouver son bœuf

Ce que je vais vous raconter vous paraîtra incroyable, pourtant, c'est vrai de « A » à « Z » : on a suivi la douve dans un ahurissant voyage. Imaginez un roman de science-fiction : le héros change de forme et d'aspect à volonté, il a perdu sa planète et doit absolument y revenir. C'est à peu près l'histoire de la douve qui veut retrouver son bœuf.

Une douve, c'est une toute petite bête : vingt-cinq millimètres de long, six de large, complètement plate. Blanchâtre. Pour vous en faire une idée, regardez, sur les étals des poissonniers, les poissons qu'on appelle des flets. La douve leur ressemble, en minuscule.

Une sale bête, d'ailleurs. Elle vit dans le foie des bœufs, des moutons, des chevaux, des hommes, perce les petits canaux où circule la bile et boit leur sang. On en meurt... Par-dessus le marché, elle se reproduit à une vitesse extraordinaire : vingt mille œufs par jour, un toutes les quatre secondes, qu'elle fabrique comme ça, toute seule, car elle est hermaphrodite. C'est l'aventure d'un de ces œufs que nous allons suivre. D'un de ceux qui ont survécu car vous pensez, sur les vingt mille œufs quotidiens, s'il en meurt en route !

Voilà notre œuf pondu dans les canaux biliaires du foie d'un bœuf, par exemple. Où va-t-il ? Dans l'estomac, forcément : il n'y a pas d'autre route. De l'estomac, il passe dans l'intestin, forcément. Et de l'intestin... Ma foi, il faut reconnaître qu'il sort du bœuf par ce qu'on appelle pudiquement « les voies naturelles ». Pour tout dire, le voilà dans la bouse que son bœuf a déposée sur l'herbe de son pré. Là, l'œuf éclôt. En sort une petite « larve ciliée », une bête minuscule, tout en longueur, avec des cils partout pour se déplacer. Et un seul sens : l'odorat. Un odorat bien spécialisé : il ne sent que les odeurs de l'escargot d'eau. N'empêche que cette petite larve ciliée n'a qu'une idée ; redevenir douve et retrouver son bœuf (ou un autre). Seulement, pour l'instant, son instinct l'oblige à aller chercher un escargot d'eau, parce qu'elle ne sent que cette odeur-là, qui l'attire.

Deuxième acte : la larve ciliée frétille jusqu'à un ruisseau, s'y laisse tomber, y nage jusqu'à ce qu'elle trouve un escargot d'eau. En voilà un enfin. Elle s'y accroche, pique la peau, y entre, perd ses poils, sa peau, se transforme en un animal tout à fait différent, le soprocyste, qui ne peut vivre que dans le foie de l'escargot d'eau. C'est pour cela que la larve ciliée était attirée par cette odeur-là. Voilà donc notre soprocyste en route à travers le corps de l'escargot. Comment sait-elle où est le foie ? Mystère. En tout cas elle y va, elle s'y installe. L'escargot en mourra sans doute, mais l'autre est là.

Troisième acte : Dans son foie d'escargot d'eau, le soprocyste (rappelez-vous : il vient de la larve, qui venait de l'œuf que la douve avait pondu) va bourgeonner, et finir, par un système très compliqué, par donner d'autres bêtes qui ressemblent un peu à la douve, leur grand-mère, mais en petit. Ces « cercaires » — c'est leur nom — ont des ventouses, une vessie natatoire, une queue. A part ça, ce sont des bébés douves comme les têtards sont des bébés grenouilles. Mais elles ne peuvent se développer que dans le foie d'un bœuf, d'un mouton, d'un cheval ou d'un homme. Comme nous sommes partis d'une douve de bœuf, celle-là — la cercaire, sa petite-fille — voudra absolument retrouver son bœuf (ou un autre).

Alors elle quitte son escargot comme grand-mère douve était sortie de son bœuf, perd sa queue, nage dans l'eau, en sort et va dans l'herbe. Pourquoi dans l'herbe ? Parce que les bœufs broutent de l'herbe et que le seul moyen de retrouver son bœuf, c'est de se faire brouter.

Quatrième acte : la cercaire est dans les herbes. De deux choses l'une, ou bien le bœuf broute, l'avale avec l'herbe et elle va s'installer dans son foie, ou bien le bœuf ne broute pas. Dans ce dernier cas, la cercaire (rappelez-vous, c'est la petite-fille de la douve qui a pondu un œuf dont la larve voulait retrouver son bœuf) invente un truc diabolique : elle guette une fourmi qui passe, la pique, entre dans sa peau, se faufile jusqu'à la tête (comment sait-elle où est la tête d'une fourmi et comment on fait pour y aller quand on est à l'intérieur? Mystère) et s'installe dans son cerveau. La pauvre fourmi devient folle : imaginez que vous ayez une petite bête dans le cerveau? Sa folie consiste à lui donner envie de monter en haut des herbes, au lieu de rentrer sagement à la fourmilière comme tout le monde. Notre fourmi folle monte donc sur l'herbe la plus haute qu'elle peut trouver dans le pré. Or les bœufs préfèrent brouter les herbes hautes parce que c'est moins fatigant pour les lèvres. Un bœuf arrivera donc, broutera l'herbe, avalera la fourmi avec la cercaire qui est dans son cerveau.

Cinquième et dernier acte : La cercaire sort du cerveau de la fourmi avalée, passe dans l'estomac, va dans le foie de son bœuf enfin retrouvé, s'y installe. Toute contente, redevenue douve comme grand-maman, elle recommence à pondre un œuf toutes les quatre secondes. Et le cycle recommencera.

Conclusion : au lieu de dire : « têtu comme un âne », il faut dire : « têtu comme une douve qui veut retrouver son bœuf ».

Comment des jeunes ont sauvé les macareux des Sept-Iles

Je ne vais pas vous raconter le naufrage de l'*Amoco Cadiz* ni la marée noire qui s'ensuivit. Mais il y a deux façons de penser à ces choses. Ou bien on crie que tout est perdu et qu'il n'y a rien à faire, ou bien on se demande s'il y a un moyen d'arranger les choses quand une pareille catastrophe se produit. Raisonner? Faire des théories? Non : voir ce qu'on a fait avant, et si ça a réussi.

Car, avant l'*Amoco Cadiz*, un autre pétrolier a coulé, à peu près au même endroit, provoquant une marée noire très grave. Souvenez-vous : c'était le *Torrey Canyon*. Des milliers de tonnes de pétrole ont recouvert les côtes des Sept-Iles, mazoutant les oiseaux, tuant les poissons, détruisant tout ce qui vivait. Là aussi, on a crié que le désastre était irréparable. Et puis il y a eu des jeunes, des garçons, des filles de votre âge, qui se sont dit qu'il y avait peut-être quelque chose à faire, en tout cas pour les macareux.

Le macareux ? Un curieux personnage : imaginez un perroquet-pingouin avec un nez de clown. Il se tient bien droit sur ses pattes, comme le perroquet, mais ces pattes sont palmées comme celles du pingouin à qui il ressemble un peu, à ceci près que le macareux porte le bec le plus extravagant de la création. C'est presque plat, c'est crochu, et c'est multicolore, avec des bandes rouges, noires, jaunes pour faire joli. Un oiseau extravagant, et qui ne fait rien comme tout le monde.

Oiseau de mer, il vit de poissons qu'il va chercher sous la surface en plongeant. La plupart du temps, le macareux vit en pleine mer, au grand large, si bien qu'on le voit très peu. Mais, au moment des nids, il revient à terre, comme tous les oiseaux de mer, et s'installe tout en haut de hautes falaises à pic au-dessus de l'océan. C'est plus commode, quand il veut s'envoler. Car le macareux a des ailes très courtes, ce qui rend son envol difficile. Là-haut, sur sa falaise, il n'a qu'à se laisser tomber dans le vide en ouvrant les ailes. A un moment donné il se met à planer et le tour est joué.

Reste à établir son nid. C'est là que le macareux montre son originalité, et peut-être son astuce. Construire un nid en entassant des brindilles, en remontant des algues de l'océan ne l'intéresse pas. Il préfère les terriers. Quelquefois, il les creuse lui-même, avec sa macareuse, mais c'est rare. Il préfère les terriers tout faits, ceux des lapins par exemple. Et comme, en bon oiseau de mer, son espèce connaît les îles à falaises du monde entier, le macareux a choisi, pour s'installer, celles où vivent des lapins. Là tout devient simple : ou bien on prend un terrier abandonné, ou bien on en chasse le lapin, comme la belette de la Fable que vous connaissez.

Une fois le terrier choisi, aménagé — on y porte des brindilles — M. et Mme Macareux, devant la porte de leur chez-eux, dansent une petite danse de noces. Et je te salue, et je m'incline, et je me redresse, et nous nous frottons le bec, et on recommence, tout cela avec une dignité de sénateurs. Après quoi on se marie et la macareuse ira pondre son œuf. — un seul, jamais deux — au fond du terrier. Elle l'y couvera, son compagnon la relaiera régulièrement pour que chacun puisse aller pêcher en mer et se nourrir. Pendant tout le temps de la couvaison, on les voit souvent, tous les deux ensemble, devant l'entrée de leur terrier : ils dansent une petite danse, histoire, je suppose, de montrer aux voisins que tout va bien chez eux, que l'œuf est là et qu'ils s'entendent à merveille.

Car il y a des voisins. Les macareux aiment la compagnie de leurs semblables et vivent en colonie. C'est d'ailleurs un spectacle étonnant que ces centaines de perroquets-pingouins à nez de clown, en train de danser en haut de leur falaise.

Mais l'œuf finit par éclore. Voilà le petit macareux au fond de son terrier et ses parents terriblement occupés. Car il a faim, cet oisillon. Alors, toute la journée, on voit les pères et les mères sortir du terrier, se laisser tomber à la mer, plonger, pêcher et revenir à tire-d'aile avec une dizaine de petits poissons dans le bec.

Ce qui, à première vue, est incompréhensible.

Réfléchissez : le macareux a attrapé un poissonnet, que voilà en travers du bec, tête d'un côté, queue de l'autre. Comment fera-t-il pour y mettre un autre poisson ? Il faudra bien qu'il ouvre le bec, à ce moment, et le premier glissera... Or il ne glisse pas, parce que ce bec extravagant, multicolore, est articulé. Si bien que notre macareux peut en ranger deux, six, dix, côte à côte, entre ses deux mandibules.

Provisions faites, il arrive au nid-terrier, s'y faufile, et nourrit son petit en lui fourrant, les uns après les autres, ses petits poissons dans le bec. Il se dépêche, parce que, pendant ce temps, l'autre est allé aux provisions et revient avec de nouveaux poissonnets. Cela va durer trois semaines, parents s'épuisant en aller et retour, le petit restant toujours au fond de son trou. Ce qui est très bien combiné : il y a toujours, sur les falaises, des goélands prêts à fondre sur le petit macareux mal emplumé, si celui-ci sortait du terrier, et à le dévorer. Dans son tunnel obscur, leur oiselet ne risque rien.

Mais, au bout de trois semaines, les parents en ont assez. Parce que, maintenant leur petit a ses plumes et par conséquent il peut voler ? Ce n'est pas sûr. Plus probablement, ce temps écoulé, l'instinct leur dit que la période de ravitaillement est terminée. Ils s'en vont. On les retrouvera au grand large, à des kilomètres de la falaise au sommet de laquelle sont les terriers.

Et le petit macareux, dans tout ça ? Eh bien il s'ennuie, tout seul au fond de son terrier. On l'imagine « Et alors ? Et mon déjeuner ? Et mon goûter ? Qu'est-ce qui se passe ? » Finalement, après deux ou trois jours de jeûne dans le noir, il n'en peut plus d'attendre et gagne le trou de sortie.

Là, pour la première fois, il découvre le vaste monde. Ou plus exactement le haut de la falaise où est creusé son terrier natal. Il regarde bien tout ce paysage, absolument nouveau pour lui puisqu'il le voit pour la première fois.

C'est très important, ce premier regard. Car, les travaux des zoologues l'ont prouvé, ce paysage « imprègne » le petit macareux. Il le reconnaîtra entre tous, toute sa vie. Un peu comme l'hirondelle qui, née à Bordeaux, reconnaîtra cette ville toute son existence et y reviendra tout droit, après ses voyages en Afrique. Il est « marqué » par cet endroit.

Mais, marqué ou pas, il a faim. Alors l'instinct joue, il gagne le bord de la falaise, débaroule, comprend qu'il faut ouvrir ses ailes, plane, puis vole, arrive à la mer, nage et, l'instinct jouant encore, il plonge et pêche son premier poisson. Le voilà capable de se débrouiller dans la vie.

Alors, pendant trois ans — le temps de devenir macareux adulte et de pouvoir se marier — il va rester au grand large, avec les autres, pêchant, voyageant, dormant sur l'eau.

Et puis, trois ans après, il se retrouve « grande personne » et décide de se marier. Où ? Forcément à l'endroit qui l'a marqué, imprégné, au moment où il sortait du terrier : en haut de la falaise où il était né. Il y reviendra, s'y mariera, et tout recommencera.

Les jeunes qui s'intéressaient aux oiseaux des Sept-Iles savaient tout cela, lorsque la catastrophe du *Torrey Canyon* s'est produite, et que tous les macareux qui logeaient en haut de ces falaises sont morts, englués de mazout. Allaient-ils se désespérer, crier partout qu'on ne verrait plus jamais de macareux en France puisque c'était là, et là seulement, que logeaient les nôtres ? Non : ils ont réfléchi, et imaginé une solution extraordinaire.

— Il y a, se sont-ils dit, des milliers de macareux aux îles Féroé, tout au nord de l'Écosse. Si on essayait de les acclimater aux Sept-Iles, maintenant qu'on les a nettoyées du mazout du *Torrey Canyon* ?

C'était, au premier abord, inimaginable. Prenez un grand macareux aux Féroé, installez-le aux Sept-Iles, il n'aura qu'une idée : s'en aller et rentrer chez lui. Mais si on prend un jeune, au fond de son terrier... ? Il ne sait pas que ce terrier est en haut des falaises des îles Féroé. Quand il en sortira, il verra le paysage des Sept-Iles, cela le marquera, et il y reviendra trois ans après...

Alors — le colonel Milon les dirigeait — ces jeunes sont partis pour les îles Féroé au moment de l'année où, œufs à peine éclos, les petits macareux s'y laissaient nourrir par leurs parents. Ils en ont déniché un certain nombre, et vite vite, en avion, ils les ont ramenés aux Sept-Iles.

Là, tout était préparé pour les recevoir. C'est-à-dire qu'on avait installé, au sommet de la falaise des Sept-Iles, des terriers artificiels : ces longs tuyaux en ciment dont on se sert pour les canalisations d'eau. Ils y ont fourré leurs petits macareux, qui n'y ont rien compris mais, après tout, ça ne changeait pas grand-chose : avant, ils étaient dans un terrier creusé dans la terre, à présent, ils se retrouvaient dans un terrier en ciment.

Restait à les nourrir. Ce qui posait un fameux problème. Car le petit macareux mange toute la journée, et de petits poissons que ses parents lui apportent inlassablement.

Alors, ces jeunes se sont entendus avec les pêcheurs de l'endroit qui les ont ravitaillés en poissons. En gros poissons, naturellement. Les jeunes les découpaient en lamelles bien fines, pour qu'ils ressemblent aux petits poissons, menu ordinaire des macareux au nid et, fourrant leurs bras jusqu'à l'épaule dans les terriers en ciment, ils tendaient, du bout des doigts, ces tranches aux petits oiseaux qui les avalaient goulûment. Exactement comme ils auraient avalé les petits poissons rapportés par les parents. Et cela a duré presque trois semaines...

A ce moment, imitant encore les parents qui s'en vont et arrêtent le ravitaillement du petit, les jeunes sauveteurs ont coupé les vivres à leurs élèves. Et puis ils ont attendu. Un jour, deux jours. Rien. Les petits macareux importés espéraient toujours leur déjeuner.

Le troisième, vraiment affamés, ils sont sortis de leurs faux terriers, ils ont regardé le paysage qui les entourait, ils ont gagné le bord de la falaise des Sept-Iles, ils ont débaroulé, ouvert les ailes et ils ont commencé à pêcher pendant que, là-haut, les jeunes se demandaient si l'expérience allait réussir, si, leurs élèves, « imprégnés » par le paysage des Sept-Iles, allaient y revenir...

Trois ans... Ils ont attendu trois ans... Et puis, au bout de la troisième année, les macareux amenés aux Sept-Iles y sont revenus ! L'expérience avait réussi, la colonie des macareux était reconstituée. C'était une victoire formidable.

Là-dessus, l'*Amoco Cadiz* a coulé, et vous savez

le reste : plus de macareux aux Sept-Iles. Mais cette histoire prouve que, même dans les situations qui paraissent désespérées, il y a toujours quelque chose à faire. Et ce sont des jeunes qui l'ont prouvé...

Les fourmis-pot-de-miel

Il y a des gens qui admirent les fourmis : elles sont si bien organisées, si travailleuses, si sérieuses et tout et tout ! Moi, elles m'ennuient. Boulot, dodo, boulot, c'est leur devise. Pas un instant de détente, de plaisir. On n'a jamais vu une fourmi s'amuser. Tout le monde au travail, dès qu'on sort de sa chrysalide jusqu'à sa mort, et sans arrêt. Vous trouvez ça drôle, vous ?

Et puis, on passe son temps à nous les donner en exemple. C'est assommant, à la fin. Alors, j'ai été vraiment content, le jour où j'ai pu découvrir qu'elles avaient des défauts. Et pas rien : des meurtres de fourmis, des « fratricides » !

Il s'agit de fourmis mellifères, c'est-à-dire de fourmis mange-miel. Pas du miel, exactement : du miellat, que sécrètent certains pucerons, qui vivent de préférence sur les rosiers.

Curieuses petites bêtes, que ces pucerons. C'est minuscule, c'est plat, ça a six pattes et une petite trompe dure, pointue, avec laquelle ça perce l'écorce tendre des jeunes rameaux du rosier et ça pompe la sève. Le puceron la digère, et sécrète un petit jus vaguement sucré : ce miellat, dont les fourmis raffolent.

Et, comme ce sont des fourmis, elles ont organisé l'élevage des pucerons. La fourmi, ça organise tout le temps. Voilà comment les choses se passent : au premier printemps, quand les mères pucerons pondent leurs milliers d'œufs sur les rosiers — les rosiers sauvages et aussi, malheureusement, les nôtres — les fourmis inspectent ces arbrisseaux. Dès que l'une d'entre elles a détecté un tas d'œufs, on monte la garde autour, jusqu'à ce qu'ils éclosent. Ensuite, on élève les petits pucerons.

Très sérieusement, bien sûr. Chaque matin, à l'aube, une fourmi va chercher les petits pucerons sur leur branche de rosier, elle les conduit — comme une bergère ses moutons — jusqu'à un rameau bien frais, à l'écorce bien tendre et là, elle les garde. Si un des pucerons s'est trop avancé sur le bord de la branchette, la fourmi-bergère le rattrape, si un autre a trop enfoncé sa trompe dans l'écorce au point qu'il ne peut plus la sortir, elle l'aide à se dégager.

Cela durera jusqu'au soir, où la bergère ramènera ses pucerons dans une embranchure, où ils passeront la nuit. Pendant ce temps, c'est un va-et-vient constant sur le rosier.

Des fourmis arrivent, se font reconnaître — à leur odeur — par la fourmi-soldat qui monte la garde sur le tronc de l'arbuste et les flaire. Elles grimpent, vont jusqu'au troupeau de pucerons, s'approchent de l'un d'eux, lui titillent les poils du ventre avec ses antennes, le font sécréter son miellat, en prennent une pleine gorgée et reviennent à la fourmilière où — c'est l'habitude des fourmis qui s'entre-nourrissent de bouche à bouche, elles repasseront une partie de leur gorgée à celles qu'elles rencontreront.

C'est merveilleux, n'est-ce pas ? Oui... à part que votre rosier va crever, à force d'être pompé de sa sève par les pucerons que les fourmis élèvent. Voulez-vous un bon moyen, pour vous en débarrasser sans employer d'insecticides toujours dangereux ? la coccinelle. Procurez-vous des coccinelles, mettez-les sur vos rosiers empuceronnés, elles en feront un massacre et les fourmis n'y pourront rien.

Tout ce que je viens de vous raconter se passe chez nous. Ces fourmis-là sont des « fourmis pastorales ». Mais d'autres, dans les régions arides, les déserts d'Australie par exemple, procèdent tout à fait de la même façon, élèvent des pucerons sur les arbustes de l'endroit, les traient de leur miellat et s'en nourrissent. Seulement, ces fourmis-là ne mangent à peu près que ce miellat, alors que, pour les nôtres — les pastorales — c'est une sorte de dessert.

Et ce miellat nécessaire à leur vie, ces fourmis pastorales des déserts, qu'on appelle fourmis mellifères, ne le trouvent pas toute l'année. Dans ces déserts, il y a d'énormes différences de température. Tantôt il fait très chaud et tantôt très froid. Si bien que, pendant des mois, il n'y a pas de pucerons.

Alors, elles font des stocks, pour les périodes de disette. Mais comment loger ces stocks de miel ? Dans des pots ? Les fourmis ne sauraient pas mettre le miellat dans des pots. Tout ce qu'elles savent, c'est en repasser un peu à une autre fourmi. Devant un pot à miel, si petit soit-il, elles ne sauraient pas quoi faire.

Ce qui va les amener à constituer leurs stocks de miel dans d'autres fourmis, qui le garderont jusqu'au moment où on en aura besoin parce qu'il n'y a plus de pucerons à traire.

On s'en est aperçu en examinant une de ces fourmilières de fourmis mellifères. Qu'est-ce que c'était que ces petites boules rondes, couleur d'or, qu'on voyait, accrochées aux plafonds des salles et des couloirs ? On en décroche une : c'était une fourmi-stock !

Imaginez, une fourmi dont l'abdomen — c'est son ventre — serait si gonflé qu'il atteindrait huit millimètres de diamètre. Pour une fourmi qui en a cinq de long, c'est énorme. Il est plein de miel. Et, quand la fourmi tombe de son plafond et s'écrase par terre, son ventre éclate ! Alors les autres se précipitent pour lécher le miel qui coule.

En découvrant cela, les zoologues ont été remplis d'admiration : quelle merveille ! On connaissait les fourmis-soldats, les fourmis-bergères, celles qui s'occupaient des œufs, celles qui soignaient les larves, celles qui nettoyaient la reine, d'autres encore et voilà qu'on trouvait un nouveau métier-fourmi : la fourmi-pot-de-miel !

Les zoologues ont savamment expliqué que, comme tout ce qui se passe dans la fourmilière, c'était organisé d'avance. Ces fourmis-stock, en sortant de leur chrysalide, n'auraient que cela à faire : recevoir du miel des autres jusqu'à en être gonflées comme des outres, monter au plafond pour ne pas déranger les camarades parce que, grosses comme elles étaient, elles ne pouvaient plus marcher et ça encombrerait les couloirs de la fourmilière, s'y accrocher et rester là jusqu'au moment où on aurait faim. Alors elles se décrocheraient, tomberaient par terre, y mourraient en explosant et la fourmilière aurait de quoi manger.

Sacrifice héroïque ? Non, disaient les zoologues. Tout cela était naturel, parce que l'individu, la personne, ce n'est pas la fourmi, mais la fourmilière. C'est la fourmilière qui vit, et chaque fourmi n'en est qu'une partie. Nous avons constamment dans notre corps, des cellules qui meurent et ça fait du bien à l'ensemble de l'organisme. Pour les fourmis-pots-de-miel c'était la même chose.

Seulement, on y a regardé de plus près, et voilà comment ça se passe, ce gonflage des fourmis-stock. Là, je vous préviens, il y a quelques idées à moi.

Une petite fourmi sort de sa chrysalide, toute contente je suppose. Elle commence à vivre vraiment. Avant, elle était un œuf, puis une larve qu'on nourrissait dans son alvéole, ensuite, dans la chrysalide, elle s'était endormie, transformée une dernière fois en fourmi parfaite, et enfin elle s'est dégagée pour aller mener sa vie de fourmi. Sait-elle qu'il y a des foules de couloirs dans la fourmilière, que, dehors, il y a des rosiers avec des pucerons à élever, des tas de choses à faire ? Probablement pas. Mais, tout de même, elle a envie de vivre comme tout le monde. Tout le monde fourmi, bien sûr. La voilà qui fait ses premiers pas dans le couloir. C'est amusant, de faire marcher ses six pattes, de promener ses antennes pour tout découvrir, de sentir les odeurs des autres. Elle trottine. Seulement, elle a faim. Rien mangé depuis l'entrée en chrysalide.

Ça tombe bien : voilà justement une grande fourmi qui arrive. D'instinct, la petite fourmi sait que, dans la famille, on s'entre-nourrit les uns les autres. Alors, quand la grande s'approche et, d'autorité, lui fourre une gorgée de miel dans la bouche, elle se laisse faire. Dit-elle : « Merci madame ! » je ne crois pas : tout cela est naturel.

Mais voilà qu'une autre grande fourmi lui donne une autre gorgée, qu'une troisième en fait autant. Ça va comme ça, elle n'a plus faim. Mais les grandes fourmis, qui reviennent du rosier à pucerons et sont gorgées de miellat, ont vu qu'il y avait une jeune qui se laissait gaver. Alors elles se précipitent, et lui collent du miel dans la bouche, encore et encore. Méchamment ? Certainement pas : les fourmis ne savent pas ce que c'est, la méchanceté. N'empêche qu'elles sont là, cinq, dix, vingt, à lui enfourner du miel tant qu'elles peuvent.

La pauvre petite fourmi n'en peut plus. Mais il en vient encore et il faut encore avaler le miel. Refuser ? Elle ne sait pas faire. C'est automatique, chez les fourmis, l'acte d'avaler la gorgée de miel qu'on vous offre. Et son ventre grossit, et elle suffoque, et voilà encore une gorgée, et encore une autre ! Au bout d'un moment, la pauvre petite fourmi qui, tout à l'heure, trottinait en se demandant quel boulot on lui donnerait, dans la fourmilière, se retrouve énorme, avec ce ventre formidable. Que voulez-vous qu'elle fasse ? Éclater ? Il vaudrait mieux échapper à ses tourmenteuses. Alors elle grimpe au plafond, s'y accroche des pattes et reste là. Au moins, on ne viendra plus lui fourrer du miel dans la gueule.

Et elle restera accrochée à son plafond, jusqu'au

jour où, n'en pouvant plus, elle se laissera tomber par terre, mourra, et nourrira les autres en éclatant.

Bien sûr, j'ai un peu romancé. La petite fourmi n'a pas dû réfléchir si long. Elle croyait peut-être que c'est ça, la vie de fourmi. N'empêche que cette façon de gaver ses sœurs pour manger, en hiver, ce qu'elles ont dans le ventre, c'est un peu choquant...

Jonas
n'a pas menti du tout

Il faut savoir reconnaître ses torts : il y a plusieurs mois, sur l'écran, un des jeunes qui m'y entourent m'avait demandé ce que je pensais de l'histoire de Jonas. Vous savez, le Monsieur qui, dit la Bible, avait passé trois jours et trois nuits dans l'estomac d'une baleine. Et moi, me croyant tout malin, j'avais éclaté de rire :

— Impossible ! Les baleines ont des fanons. De longues bandes cornées qui filtrent l'eau de mer et en retiennent seulement les toutes petites bêtes qu'on appelle le plancton, quand la baleine chasse cette eau de sa bouche avec sa grosse langue. Comment veux-tu que le brave Jonas se soit faufilé entre ces fanons ?

J'avais même ajouté qu'à mon avis, Jonas était allé faire une virée avec ses copains, et que, quand sa femme lui avait demandé ce qu'il avait fabriqué tout ce temps-là, il avait répondu d'un air négligent : « Oh, moi, j'ai passé ces trois jours dans l'estomac d'une baleine... »

Je me croyais drôle. J'étais idiot. Mais j'avais une excuse : les dernières observations sur les cachalots n'étaient pas encore publiées. Car tout change, si Jonas, au lieu d'une baleine, a rencontré un cachalot...

Les cachalots sont de mignons petits cétacés : guère plus de quinze mètres de long, jamais plus de cinquante-trois mille kilos. Imaginez un gros camion et sa remorque, en forme de poisson ou à peu près.

Une grosse tête carrée, avec un trou sur le sommet du crâne, l'évent, par lequel ils respirent, pas de nageoire sur le dos mais une énorme nageoire de queue, et une bouche pas très grande, mais assez cependant pour contenir des dents de quarante-cinq centimètres de long.

Pourquoi ces dents formidables ? Parce que le cachalot mange surtout de grandes pieuvres, qu'il faut tuer d'abord ce qui ne doit pas être commode quand, comme celle dont on a trouvé un tentacule dans l'estomac d'un cachalot, elles ont huit bras de quinze mètres de long ! Vous imaginez ces batailles, au fond de l'eau, entre le cachalot de cinquante tonnes et une pieuvre gigantesque ?

Car ça se passe au fond de l'eau. Le cachalot est un cétacé, un mammifère, comme les dauphins ou les baleines, mais c'est celui qui bat le record de plongée : dix minutes à nager à la surface pendant lesquelles il respire soixante à soixante-dix fois, pour bien remplir ses poumons, et pouf ! il sonde (on dit « sonder » et pas « plonger » quand il s'agit de cétacés) et passe une heure au fond. Sans respirer. C'est là-bas qu'il trouve ses pieuvres.

Et qu'il se trompe aussi, quelquefois. Probablement parce qu'il a la vue basse : quand un cachalot, là-bas au fond, tombe sur un câble sous-marin, il le prend pour un tentacule de pieuvre, le mord. Mais le câble est posé sur le fond et ne casse pas. Alors l'autre reste là, mâchoire inférieure coincée, et meurt. Naturellement, le câble est endommagé, on vient le réparer et on retire le cachalot. C'est ainsi qu'on a prouvé qu'il pouvait plonger à plus de mille mètres de profondeur.

On le rencontre surtout dans les mers tièdes, ou, à d'autres moments de l'année, dans les mers très froides près des pôles. Tantôt en familles, un gros mâle conduisant ses femelles et leurs petits, tantôt en bandes de mâles célibataires, car le cachalot se marie à quatorze ans, et tantôt tout seul, solitaire comme certains vieux éléphants.

Très intelligent semble-t-il. Ce qui s'explique : il est parent des dauphins... En tout cas, assez pour s'entraider. Un jour, le bateau du commandant Cousteau a, par mégarde, abordé un jeune cachalot qui jouait devant son étrave. Le petit a été blessé. Et les photographes de Cousteau ont pu prendre des vues qui montraient les grands cachalots de la bande qui l'encadraient, le serraient entre eux, pour l'empêcher de couler et de se noyer. Cette entraide est rarissime, chez les bêtes : les éléphants, quelquefois les babouins, la pratiquent, et c'est une preuve d'intelligence.

Mais Jonas, dans tout cela ? Eh bien, tout récemment, un zoologue allemand a publié une étude où il racontait qu'il avait vu une mère cachalot qui portait son petit dans sa gueule. Le petit était mort, d'ailleurs, et le zoologue avait pu reconstituer le drame, parce qu'il savait comment se comportent les mères éléphantes quand leur éléphanteau meurt.

Comme toutes les bêtes, elles ne comprennent pas qu'il est mort. Alors elles le poussent avec leurs défenses, elles essaient de le soulever, avec leur trompe. La mère cachalot faisait la même chose, à sa manière : elle ne comprenait pas que son petit était mort, elle le portait dans sa gueule, bien doucement, sans trop serrer pour que ses dents de quarante-cinq centimètres ne le blessent pas, en espérant qu'il allait se remettre à vivre.

Ce qui nous explique ce qui a dû arriver à M. Jonas : il se sera baigné, il se sera évanoui et le voilà flottant, inconscient, dans l'eau. Il a la grande robe que les Hébreux portaient, à cette époque. Une mère cachalot a dû passer par-là, voir cette forme qui flottait. Ressemblait-il à un petit cachalot mort ? C'est possible. Les réflexes ont dû jouer, la mère cachalot aura pris ce corps flottant dans sa gueule et elle l'aura emporté, comme la mère cachalot que le zoologue allemand avait vue, portant son petit dans sa bouche.

Là-dessus, Jonas se sera réveillé, débattu. L'autre l'aura lâché et le noyé sera revenu à la nage, raconter son histoire aux amis.

Que Jonas ait confondu cachalot et baleine n'a rien d'étonnant : la différence n'est pas si grande. Certes, il a parlé de trois jours dans l'estomac de sa baleine, ce qui paraît tout de même impossible. Mais ses souvenirs ne devaient pas être très précis. Supposez que vous ayez vécu la même aventure ?

La coquille Saint-Jacques navigue à voile et à réaction

Vous aimez les coquilles Saint-Jacques ? Moi aussi, et je vous signale, à tout hasard, qu'il y a seize façons de les préparer. Mais nous ne sommes pas ici pour parler cuisine. Il va s'agir des mœurs de ces coquillages, de ces mollusques.

Comme tout le monde dans ces espèces-là, la coquille Saint-Jacques a deux coquilles, reliées par une charnière, qui peuvent s'ouvrir et se fermer, avec son corps à l'intérieur. Mais elle a une première particularité : au lieu de rester bêtement au même endroit, comme l'huître ou la moule, la coquille Saint-Jacques se promène.

De trois façons, toutes aussi effarantes les unes que les autres. Regardez bien la charnière qui relie ses deux coquilles : à chaque bout, vous verrez un petit trou. Que se passe-t-il quand la coquille Saint-

Jacques veut s'en aller ? L'intérieur de ses coquilles est plein d'eau, quand elles sont fermées, et son corps en est imbibé, puisque cette eau lui apporte sa nourriture par les millions de petites bêtes qu'elle contient et que, par-dessus le marché, elle lui fournit l'oxygène nécessaire à sa vie.

Alors, notre coquille Saint-Jacques en veine de promenade se contracte brusquement et psscht ! deux petits jets d'eau sortent brusquement de ces deux petits trous et elle fait un bond en avant. En somme, elle a inventé le sous-marin à réaction.

Deuxième technique : il y a, sur l'avant de ses coquilles, un autre petit trou. Si notre coquille Saint-Jacques veut faire de la marche arrière, coquilles fermées naturellement, elle agit comme tout à l'heure : contraction du corps, jet d'eau sortant par le trou avant, et elle recule brusquement.

C'est pour cela que les coquilles Saint-Jacques peuvent, mieux que les huîtres, éviter l'attaque de l'ennemi public n° 1 des coquillages, qui est l'étoile de mer. Une personne extrêmement dangereuse, cette astérie : quand elle voit une huître elle s'approche, passe un de ses « bras » sur la coquille supérieure, l'autre sous la coquille de dessous, s'agrippe au sol des trois autres et, de toute la force de ses muscles, bras collés aux coquilles par leurs ventouses, elle force l'huître à s'ouvrir. L'autre serre ses coquilles tant qu'elle peut, parce qu'elle sait bien ce qui va se passer : une fois ouverte par les deux « bras » de l'étoile de mer, elle ne pourra rien faire pour se défendre et son ennemie va projeter son propre estomac à l'extérieur, par la bouche, le déposer sur l'huître et la gober toute vivante. L'étoile de mer est une des angoisses essentielles de l'huître.

Mais la coquille Saint-Jacques n'a rien à craindre : dès qu'elle a vu — je dis bien vu — une étoile de mer, elle s'en va en marche arrière et l'autre reste toute bête.

Mais comment l'a-t-elle vue ? Par ses deux cents yeux. Car la coquille Saint-Jacques a deux cents très beaux yeux bleus, répartis sur les bords de son manteau, qui lui permettent de voir arriver l'étoile de mer. Des yeux bien pratiques : dès que l'un d'eux est crevé, il repousse, comme les queues des lézards. Même technique si c'est un crabe qui l'attaque. Seulement, les crabes ne peuvent pas obliger les huîtres, ni les autres coquillages, à s'ouvrir. Leurs pinces ne sont pas organisées pour cela. Alors, ils les pincent à la charnière, ce qui oblige l'huître à s'entrouvrir. Mais, avec la coquille Saint-Jacques, ça ne marche pas : dès qu'un maudit crabe vient ainsi lui pincer le derrière, elle envoie ses deux petits jets d'eau à chaque bout de sa charnière et file. Mieux, elle épouvante le crabe en toussant.

On ne comprenait pas, quand on mettait un crabe et une coquille Saint-Jacques dans un aquarium d'eau de mer, pour mieux voir ce qu'ils faisaient, pourquoi, au moment d'être pincée à la charnière, la coquille Saint-Jacques s'ouvrait à peine et se fermait brusquement. Ni pourquoi, à ce moment, le crabe reculait soudain. Quelque chose se passait, mais quoi ?

Vous le saurez en faisant une expérience très simple : prenez, entre vos doigts, par les deux bouts de sa charnière, une coquille Saint-Jacques, vivante évidemment, et sortez-la de l'eau. Elle va s'entrouvrir, se refermer soudain et cela fera « hum ! » Elle a toussé. Et c'est probablement ce « hum » qui fait filer le crabe, car on ne rencontre pas, au fond de l'eau, tant de coquillages qui toussent.

Voilà donc notre coquille Saint-Jacques capable de se déplacer, de monter et de descendre dans l'eau. Sa descente est d'ailleurs très jolie à voir : elle se laisse aller, lançant un jet à droite un autre à gauche par ses réacteurs arrière, et gagne le fond gracieusement, comme une assiette qu'on a glissée dans l'eau. Reste à expliquer pourquoi elle se déplace : sans doute pour trouver une eau plus fraîche, ou moins chaude, ou plus nourrissante. Allez savoir ? Mais ça ne lui permet pas d'aller bien loin, cette progression en ascenseur. Or elle fait de longs voyages.

Comment ? A voile, et c'est la troisième façon de se déplacer de cet intéressant mollusque. D'abord, on n'y a pas cru. Cela se passait en 1809. Un zoologue racontait qu'il avait vu des coquilles Saint-Jacques, ouvertes, poussées par le vent à la surface de l'océan. On s'est moqué de lui. Et tout récemment, des chercheurs qui allaient étudier le krill (ce sont de minuscules crevettes) dans les mers australes, ont vu, photographié une flottille de ces coquillages. Le procédé est très simple : la coquille Saint-Jacques monte à la surface, s'ouvre toute grande, et s'en va au gré du vent, coquille supérieure servant de voile et l'inférieure de coque à ce petit navire imprévu.

Mais pourquoi l'appelons-nous « coquille Saint-Jacques » ? C'est une vieille histoire. Au Moyen Age, les pèlerins qui allaient en Terre sainte suivaient de préférence les côtes de la Méditerranée. C'était plus sûr, je pense, que les routes, et moins cher, parce qu'au bord de la mer on trouve un tas de bêtes à manger, des poissons, des coquillages, qui n'appartiennent à personne. Tandis qu'à l'intérieur des terres, il y a toujours des gens qui viennent vous chercher des raisons si vous avez attrapé un petit mouton ou même un lapin... Bref, ils mangeaient beaucoup de coquillages, et notamment des coquilles Saint-Jacques dont ils gardaient les coquilles vides : elles leur servaient d'assiette, et aussi pour mendier. Peu à peu, ces coquilles sont devenues l'emblème du pèlerin. La montrer, la tendre, cela signifiait qu'on allait en Terre sainte et qu'il fallait vous laisser tranquille.

Or, à l'époque, le pèlerinage le plus fréquenté d'Europe était celui de Saint-Jacques-de-Compostelle. Emblème des pèlerins en général, notre coquillage est devenu l'insigne de ceux qui allaient à Saint-Jacques-de-Compostelle, et finalement coquille Saint-Jacques.

Jacques

J'ai un peu de peine à raconter cette histoire :
Jacques était mon ami, mon premier copain, et il est
mort. Ça s'est passé il y a très longtemps, mais tout
de même.

Jacques était un sanglier. Tout petit marcassin
perdu, trouvé un soir d'hiver, et les gardes-chasses
m'avaient expliqué : la mère laie, sans doute,
avait eu un moment de colère, peut-être contre un
renard qui s'approchait trop près de ses petits. Une
charge, une poursuite, et le marcassin, qui devait
dormir au moment de l'incident, s'était retrouvé
tout seul. Il avait dû errer, se perdre, et finalement
aboutir au fourré où on l'avait découvert.

Car ça ne sait pas grand-chose, un bébé sanglier.
Trop bien élevé, trop « tenu » comme on dit, par
mère laie. Il est né au pied d'un grand sapin à
branches retombantes, bien caché. Les chasseurs
appellent cet endroit le « chaudron ». Là, pendant
deux semaines, les dix ou douze petits marcassins
restent avec leur mère, qui les allaite. Et puis ce

sont les premières sorties, prudentes, toujours avec maman laie qui promène sa marmaille. Tout ce qu'ils savent faire, à ce moment, c'est se coucher et ne plus bouger quand elle grogne. Le reste, ils l'apprendront plus tard. Jacques avait dû être abandonné un instant, puis s'égarer, lors de cette première sortie. Alors je l'ai adopté.

Il vivait dans ma chambre, petit marcassin comme habillé en pyjama, propre comme un chat, obéissant comme un chien, et joueur comme un fox-terrier. C'est à ce moment-là qu'on lui a donné son nom. Parce qu'il ne me quittait pas et que, quand on m'appelait, il arrivait à toutes pattes, son petit groin levé en l'air et grognotant des mots de marcassin. Ça faisait d'ailleurs un curieux effet, dans certains cas.

Imaginez la scène. Ma mère est au salon, à prendre le thé avec de belles dames, petit doigt en l'air.

— Oh ! Il y a longtemps que je n'ai pas vu votre fils... disait Mme de Jenesaispasquoi. A-t-il grandi ?

Ma mère appelait :

— Jacques... !

Et la porte s'ouvrait, et arrivait un petit sanglier. J'ai eu de gros ennuis à cause de cela. Pourtant Jacques croyait bien faire. Mais quand il a grandi, qu'il a pris vingt, puis quarante, soixante kilos, ces entrées inopinées faisaient mauvais effet. Vous pensez : tout le monde ne comprend pas les san-gliers, même en Auvergne...

Il mangeait des pommes de terre crues, buvait l'eau de la rivière, allait se nettoyer dans les mares. Ce qui m'a valu de nouvelles discussions. Comprenez : le sanglier a horreur des puces, alors, pour n'en pas avoir, il se roule dans la boue du bord des mares. Elle sèche, ça lui fait une carapace où les puces sont prises et s'étouffent. C'est très bien mais, quand dans un salon Louis XVI avec de beaux tapis, on voit débouler un bloc de boue en forme de sanglier, les grandes personnes protestent. Il aurait peut-être fallu que je le parfume, que je lui mette un ruban rose à la queue !

Il aimait bien aussi aller faire peur aux cochons en grognant devant leur porte. Par contre, il s'entendait très bien avec les chiens de mon père et passait des heures avec eux. Ils devaient se raconter des histoires de chasse, je pense.

Cela a duré ainsi trois ans. A la fin de sa première année Jacques a pris un beau poil rouge, ensuite, il est devenu « bête noire ». Toujours aussi gentil, il m'accompagnait dans les bois, sans jamais s'éloigner.

Et puis, le quatrième hiver, Jacques est devenu inquiet. Je ne comprenais pas pourquoi, mais souvent, il restait de grands moments à regarder les bois de Corsevache et ceux d'Urfé, qu'on voit de notre terrasse. Savait-il qu'il y avait plein de sangliers libres, dans ces forêts ? Il mangeait moins, il s'éloignait davantage, dans les bois, comme si le lien immatériel qui nous attachait l'un à l'autre, notre amitié, était devenu plus long.

Et puis, une nuit, comme Jacques dormait sur ma descente de lit, il s'est levé, il a grogné très fort, il m'a poussé du groin, dans mon lit. Je me réveille : Jacques était devant la porte de ma chambre, nez dressé. Il voulait sortir.

— Mais voyons, Jacques, il est minuit ! Tu ne vas pas aller te promener maintenant ?

Un coup de tête m'a envoyé par terre. Je me suis accroché à sa fourrure, comme nous faisions quand nous jouions. Mais Jacques n'avait pas envie de jouer. Pour la première fois, il a grogné méchamment. J'avais sept ans, j'étais pieds nus, en pyjama. Que faire ? J'écoutais le silence de la nuit, toujours accroché à ses poils. Et brusquement j'ai compris : le tambour...

C'était un tambour très faible, un roulement lointain, dans les bois là-bas, derrière Corsevache, que le vent apportait. Comme un roulement fantôme, qui passait de montagne en montagne. Je savais maintenant de quoi il s'agissait, et pourquoi Jacques voulait partir. Parce que, chaque hiver, les sangliers vont de montagne en plaine : ils ne trouvent plus rien à manger, là-haut, à cause de la neige.

Alors ils s'en vont : devant, la mère laie, marcassins derrière elle, comme un petit escadron galopant, autour des enfants des portées précédentes, bêtes rouges de deux ans, bêtes noires de trois qu'on appelle « tiers-an » ou quatre, les « quartaniers » et enfin, énorme, le père, le solitaire, qui ferme la marche.

Ils vont tout droit, par des chemins connus d'eux seuls, vers la forêt de plaine où ils trouveront nourriture. Quarante, soixante kilomètres par nuit, avec sommeil dans des fourrés introuvables le jour. Au printemps, ils remonteront vers leurs montagnes où tout a repoussé. Jacques avait entendu le tambour. Il était grand maintenant. Quelque chose, en lui, l'obligeait à aller retrouver les siens. L'instinct, si vous voulez.

Que faire ? L'enfermer ? Ç'aurait été un crime. Je l'ai accompagné jusqu'à la porte, il a fourré son gros nez contre le mien, et puis il est parti. J'avais envie de pleurer mais ça valait mieux comme ça. Ensuite, j'ai été triste. Que devenait mon copain ? Avait-il été bien accueilli ? Il sentait l'homme, après tout, et peut-être les autres détestaient-ils cette odeur ? J'espérais qu'il s'était roulé dans une mare, pour l'effacer. Et les chasseurs ? Jacques était habitué à considérer les hommes comme des amis. Peut-être était-il allé se faire tuer bêtement par un de ces damnés porteurs de fusil. J'ai été cafardeux longtemps, seul, sans mon copain.

Et puis l'année suivante, aux vacances de Noël, il y a eu un vacarme épouvantable, certaine nuit. Ça cognait contre la porte d'entrée, ça grognait, les chiens aboyaient dans leur chenil. A croire que le diable venait en visite. Je me lève, je dégringole l'escalier, j'ouvre la porte... Une tempête entre, me renverse, un groin humide et grognant me débarbouille la figure. C'était Jacques ! Jacques qui revenait me dire bonjour. Il avait dû suivre une horde. Celle, peut-être, où il était né. Il avait passé l'hiver en montagne et maintenant, au moment de la migration vers les plaines, comme la route des siens passait près de chez nous, mon sanglier venait me voir.

Je l'ai fait entrer. Jacques a tout inspecté, poussant les portes du bout du nez, comme autrefois, reniflant les odeurs. Il est allé faire un tour à la cave aux pommes de terre pour m'expliquer qu'il fallait que je lui serve à déjeuner. Et puis, après une dernière caresse, un dernier gron-gron, il est reparti, sombre dans la nuit. Et j'ai été triste encore.

Mais, chaque année, pendant les vacances de Noël, la même scène a recommencé. Grognements, entrée, visite, repas, caresses, départ. Sept ans... Chaque fois il devenait plus gros. La dernière, il devait bien peser cent vingt kilos de muscles et de poils gris. Jacques était devenu « grand vieux sanglier ».

Et solitaire... Je l'ai compris parce que, lorsqu'il est parti de la maison, j'ai aperçu une petite forme noire qui filait derrière lui, dans la nuit. Son page... Car les solitaires, qui ont quitté la horde pour vivre tranquilles, ont toujours, avec eux, un jeune qui leur tient compagnie. Par prudence aussi, je crois : quand il s'agit de traverser un chemin (où il y a peut-être un chasseur) le solitaire s'arrange toujours pour que le page passe le premier.

Et puis Jacques n'est pas revenu. Tué par un chasseur ? On l'aurait su. Il y aurait eu, dans les journaux, une photo montrant M. X... avec un commentaire admiratif : « Pour la première fois dans notre commune, un sanglier de cent vingt kilos a été abattu... » Je pense qu'il est mort de vieillesse, tranquillement, en se souvenant peut-être du petit garçon avec qui il se roulait dans la poussière, quand il était jeune. J'espère bien le retrouver au paradis des bêtes...

Pourquoi les pékinois
sont fiers

Le pékinois, on aime ou on n'aime pas. Il y a des gens qui « ne peuvent pas supporter les chiens nains... ça me gêne, ces petites bêtes... ça a quelque chose d'anormal... et puis ça aboie tout le temps, d'une voix pointue... », etc. Ils vous diront cela de tous les petits toutous, des king-charles, des caniches nains, des ténériffe. Grattez un peu, vous verrez que ces anti-petits-chiens les détestent, parce qu'ils sont des chiens de luxe, des chiens-à-qui-un-Monsieur-ou-une-Dame-très-riches sacrifient tout. Des chiens ridicules, en somme. Ce qui n'est pas toujours faux, notez. Mais le ridicule des deux, ce n'est pas le chien. C'est son maître. Il a transformé en chien de salon un animal parfaitement digne.

Curieusement, les pékinois échappent à cette opprobre. On les aime ou non, mais on les respecte. Pourquoi ? Parce qu'ils portent leur histoire dans leurs façons de vivre, de se tenir avec les hommes.

Un conte de fées, cette histoire. Tout à l'origine, il y a un chien étrange, fabuleusement poilu, qui vit seulement dans une vallée du Tibet, la « Vallée perdue ». S'appeler ainsi dans ce Tibet qui est lui-même le bout du monde, vous imaginez ce qu'elle devait être, cette vallée perdue. Des jours de marche sur les rochers pour y arriver, des glaciers, des effondrements de rocs. Le lhassa-apso habitait cet enfer, chassant les petites bêtes qui trottinaient dans les éboulis. Énorme fourrure — il fait froid, vers quatre mille mètres — avec des poils immenses qui lui retombent sur la face. Tout petit, bien sûr : il mange de minuscules rongeurs qu'il faut aller chercher dans leurs trous. Plus grand, il n'aurait pas survécu. Les quelques rares voyageurs qui l'avaient aperçu, là-haut, le baptisaient « Sheu-Tzeu » qui veut dire « chien-lion » en chinois, parce qu'il ressemblait à un diminutif du lion, lequel n'avait pas encore fui cette région à cause de l'arrivée du tigre, comme je vous l'ai raconté. Un chien digne, un chien fier.

Là-dessus, les lamas adoptent ce chien-lion. Précisément à cause de sa dignité, de son sérieux. Pour quoi faire ? Pour y loger l'âme des lamas morts qui ne sont pas devenus lamas-tulkou. Là, il faut que je vous explique. La religion des lamas tibétains — une très belle religion, aussi haute que les nôtres et peut-être plus haute — dit que, lorsqu'on meurt, ou bien, si on a très sagement vécu, on va rejoindre l'Infini dans cet épanouissement-anéantissement de l'âme qu'ils appellent le nirvana, ou bien, si on a commis des fautes, on se réincarne dans un animal. Un rat, par exemple, si on a été un vrai salaud, un chien-lion si on n'a commis qu'une ou deux petites fautes, ou encore un homme si on a vécu presque parfaitement.

Les lamas-tulkou, ce sont les lamas qui, à leur mort, se sont réincarnés dans un bébé né juste au moment où le lama mourait. Alors, quand un lama très sage meurt, les moines de sa lamaserie partent à travers l'immense Tibet, interrogeant tous les bébés nés le jour du décès de leur cher lama et, régulièrement, il y en a un qui répond : « Oui, c'est moi le lama Yang-Seng (par exemple) et ma cellule est comme ça et comme ça, et on mange ça et ça, et on fait les prières de telle et telle façon. » Alors, le bébé a bien prouvé qu'il était la réincarnation du lama mort, on le ramène à la lamaserie où il étudiera et deviendra grand lama.

Mais si on ne trouve pas de bébé capable de donner les bonnes réponses ? Alors, on ramène un « Sheu-Tzeu », un chien-lion. Pourquoi ? Parce que ce chien si sage, si sérieux, est peut-être la réincarnation du lama mort qui avait dû commettre une ou deux petites fautes sans que personne ne le sache.

Et voilà notre chien-lion dans la lamaserie. Toujours paisible, toujours sérieux, toujours respecté (vous pensez ! il a l'âme du lama défunt !) il vit avec les moines, suit les offices religieux. Vous imaginez si ça le rend grave, et digne... Là-dessus, la politique va intervenir.

La Chine des empereurs (tout cela s'est passé il y a des milliers d'années) lorgnait déjà vers le Tibet. Elle y envoie des expéditions, des missions qui ramènent, de là-hsut, quelques chiens-lions. On les croise avec des « Païe », un tout petit chien chinois qui leur ressemblait un peu, et on obtient un chien qui convenait parfaitement aux épouses de l'empereur de Chine.

Pourquoi ? A cause de sa taille. Ces dames buvaient du thé, mettaient leurs tasses et leurs théières sur des tables très basses et n'acceptaient chez elles que des chiens capables de passer sous les tables à thé sans tout renverser.

C'est ainsi que le chien est passé des lamaseries aux palais. Toujours aussi grave, aussi sérieux. On ne rigolait guère, chez l'empereur de Chine. Et on le soigne merveilleusement : songez qu'en 1821 — il y a cent soixante ans bientôt — l'empereur Tao-kouanf réglemente le « culte » de ses chiens, et qu'ensuite la fameuse impératrice Tseu-hi établit des règlements pour leur élevage.

Défense, par exemple, de leur donner des drogues pour qu'ils restent tout petits. Résultat, le type du pékinois (on l'appelle ainsi depuis le xviie siècle) se fixe naturellement, il reste solide, costaud, normal, dans sa petite taille. Un caractère de saint-bernard dans quatre à neuf kilos de pékinois.

C'est alors que les armées d'Europe ont pris Pékin, tout saccagé au Palais d'hiver, et ramené des pékinois après 1860. Naturellement, il a enthousiasmé les connaisseurs. Les vrais, pas les « dames-à-chien-chien ».

Depuis il peuple les salons fortunés, où il se sent, en somme, chez lui : un salon avec des gens bien élevés, cela ressemble un peu aux salles du palais des empereurs ou à celles des hautaines lamaseries.

Cette histoire explique le caractère de nos pékinois. Laids ? C'est une question de goût. Ridicules ? En tout cas pas. Dignes, voilà tout. Méprisants devant l'étranger qui vient vous rendre visite ?

Pensez que, pendant des milliers d'années, il était entouré d'esclaves de l'empereur, ou de lamas respectueux. Ça lui a donné une fierté bien compréhensible. Grognon? Mais non : il réfléchit, et n'aime pas qu'on dérange sa méditation. Supposez que ce soit vrai, cette histoire de réincarnation de l'âme d'un vertueux lama dans le corps d'un de ses grands-pères. En tout cas, il est intelligent, fidèle, affectueux avec son maître et excellent chien de garde. J'ai vu, de mes yeux vu, un pékinois de quatre kilos mordre un cambrioleur.

Alors, quand vous rencontrez un pékinois, abordez-le poliment. Faites-lui d'abord humer le bout de vos doigts. C'est la meilleure façon de se présenter. Et, s'il vous admet, s'il vous permet de le caresser de temps en temps, dites-vous que vous avez des relations dans le beau monde...

Les mystères de l'anguille

S'il y a un animal mystère, c'est bien l'anguille. Tout ce que nous savons d'elle est douteux, et nous ignorons l'essentiel ! Un vieux mystère, d'ailleurs. On ne savait même pas de quel sexe elles étaient : c'est en 1777 — il y a deux cents ans — qu'on a trouvé une anguille vraiment femelle, avec des ovaires pour pondre ses œufs, et en 1874 qu'on a rencontré un mâle.

Mais d'où sortait-il, cet étrange serpent d'un mètre cinquante de long (le mâle est beaucoup plus petit), qui était évidemment un poisson puisqu'il vivait dans l'eau, mais qui pourtant pouvait circuler à l'air libre ? Pas seulement quelques minutes, comme les carpes ou le brochet qui mettent si longtemps à mourir sur la rive. Pendant des heures... Un poisson qui passe ses journées sous les pierres, qui prend des bains de soleil sur la plage, et qui traverse les prés aussi tranquillement qu'une couleuvre, c'était tout de même curieux...

On a fini par comprendre que, dans l'eau,

l'anguille se sert de ses branchies, comme tous les poissons, mais que, sur terre, c'était sa peau qui respirait. Des foules de petits canaux sanguins y arrivent, qui reçoivent l'oxygène de l'air.

Bon. Mais pourquoi les mâles, quand ils avaient quatre ans, et les femelles entre sept et douze, partaient-ils, en automne, vers l'embouchure des rivières, puis descendaient les fleuves pour arriver à la mer d'où on ne les voyait jamais revenir ? Elles changeaient d'aspect, au moment de ce grand départ : tête plus pointue, le corps gris-jaune devenant vert ou brun, le ventre blanc. Où allaient-elles ?

On a d'abord trouvé d'où elles venaient. Il y a fallu du temps. On savait bien qu'avant de devenir anguille véritable, cet animal était une civelle, un petit poisson de huit centimètres de long qu'on voyait remonter les rivières, y grandir, passer anguille et s'installer pour quelques années. Mais avant ? D'où sortait la civelle en question ?

C'est en 1850 que M. Kaup, un naturaliste allemand, a capturé du côté de Messine, un curieux petit animal, qui semblait un poissonnet, qu'il a baptisé « leptocéphale ». Rien à voir avec nos anguilles, jusqu'au jour — quarante ans plus tard — où deux zoologues italiens ont montré que le « leptocéphale » de M. Kaup n'était pas un poisson, mais une larve d'anguille. L'animal d'avant la civelle, si vous voulez. Conclusion : l'anguille arrivait de la mer après quelques transformations. Mais de quelle mer ?

En 1904, un zoologue danois, M. Schmidt, décide de comprendre toute cette histoire. Il arme un bateau, le *Thor,* part en mer, et essaie de pêcher des leptocéphales. Il y est resté quinze ans...

La première année, il en attrape un du côté des îles Féroé, tout au nord de l'Écosse. Deux ans plus tard, il en prend six, mais dans le golfe de Gascogne, cette fois. Et il continue de pêcher à travers l'Atlantique, de demander à tous les gens qui ont pris un poisson comme ça et comme ça — il donnait, la description exacte de son cher leptocéphale — de lui dire où ils l'avaient pêché.

A la fin de sa quinzième année de pêche, M. Schmidt a débarqué de son *Thor :* il avait une théorie sur l'origine des anguilles.

Reprenons-la par le bout, quand les anguilles, mâles et femelles, après avoir passé quatre ou douze ans chez nous, se mettent à descendre les rivières, les fleuves, à gagner les estuaires pour disparaître en pleine mer. Où vont-elles ? Aux Sargasses, cette énorme étendue, dans l'Atlantique, où la mer est couverte d'un fabuleux entassement d'algues. Là, elles pondent. Les œufs éclosent en plein océan, deviennent les fameux leptocéphales qui, nageant-nageras-tu, se rapprochent de nos côtes — ou de celles d'Amérique du Nord — se transforment encore, deviennent civelles, remontent les rivières, grandissent et se retrouvent enfin anguilles.

La théorie tenait debout. Mais que de points obscurs ! D'abord ces œufs, où étaient-ils ? C'est en 1925 qu'on a fini par en trouver quatre. Ils traînaient, par neuf cents mètres de fond, au-dessus de l'endroit où Schmidt supposait que les anguilles allaient pondre. Mais étaient-ce bien des œufs d'anguilles ? Un d'eux, un seul, a éclos, et il en est sorti un leptocéphale. La théorie de Schmidt était donc juste. Depuis, on a d'ailleurs pu suivre le grandissement des leptocéphales : 10 millimètres de long aux Sargasses, 15, deux cents kilomètres plus au nord, puis 25 et enfin 4 centimètres et demi du côté de l'île de Madère.

Voilà donc le voyage « aller » à peu près expliqué. Mais le voyage retour? Là, le mystère est complet. On n'a jamais capturé une seule anguille adulte en plein océan — vous me direz qu'il est grand — et on n'a jamais vu, dans les Sargasses où elles fraient, d'anguille en « costume de noces ». Un costume qu'on connaît, qui correspond à une transformation de leurs couleurs, parce qu'on l'a obtenu en faisant subir, à ces anguilles adultes, un traitement hormonal.

Un point est certain : les anguilles, après avoir pondu là-bas, n'en reviennent pas. Elles doivent mourir, quelque part dans les Sargasses, sitôt noces finies.

Restait à expliquer comment les anguilles font, pour retrouver la mer des Sargasses, après avoir quitté l'estuaire de la Loire ou de la Seine. Il y a tout de même cinq mille kilomètres d'océan. On a commencé à le comprendre en 1943. M. Autrum a prouvé qu'une anguille pouvait reconnaître l'odeur d'un milligramme du corps odorant, dilué dans un volume d'eau représentant cinquante-huit fois toute celle du lac de Constance qui représente cinq cent quarante kilomètres carrés.

En somme, elles « sentent » les Sargasses depuis Saint-Nazaire ou Le Havre...

Mais pourquoi nos anguilles n'ont-elles pas autant de vertèbres que celles d'Amérique du Nord? On suppose que cela vient de ce qu'elles ne naissent pas exactement au même endroit des Sargasses, les unes plus au nord, les autres plus au sud, et que la différence de température de l'eau a modifié le nombre de vertèbres.

Il fallait aussi expliquer comment elles passaient de l'océan salé à l'eau douce de la rivière qu'elles remontent ensuite. Il semble qu'elles se laissent porter par la marée montante, qui les amène à l'estuaire et qu'ensuite elles se laissent tomber au fond, de telle sorte que le reflux ne les entraîne pas au large. Elles y restent parce qu'elles préfèrent l'eau salée et c'est peu à peu, en s'habituant, qu'elles vont passer en eau douce.

Un dernier mystère enfin, et un peu triste. Les travaux d'un zoologue nommé Thuker semblent prouver que les anguilles d'Amérique du Nord arrivent jusqu'aux Sargasses pour y pondre, mais que les nôtres — celles d'Europe — meurent en route. Pourquoi, alors, les leptocéphales qui donneront ces anguilles viennent-elles dans les rivières d'Europe ? Parce que le Gulf Stream les y a portées. Question de chance : si vous tombez sur une partie du Gulf Stream qui ira frôler la côte américaine, vous deviendrez anguille et reviendrez aux Sargasses pour vous reproduire et mourir, mais si la malchance vous a mis dans un des courants qui montent vers la France, par exemple, vous deviendrez anguille, et vous crèverez en revenant...

Comptez les points
de vos bêtes à bon Dieu

Vous l'appelez bête à bon Dieu, les Anglais la nomment « Ladybird » qui veut dire à peu près « coléoptère de Notre-Dame », et nous aimons bien la coccinelle. A juste titre, d'ailleurs : s'il n'y avait pas de coccinelle, il n'y aurait plus de rosiers, que les pucerons épuisent en pompant leur sève, plus de citronniers en Californie à cause des cochenilles qui les font mourir, et une foule d'autres arbres fruitiers auraient péri. Pourquoi ? Parce que la douce bête à bon Dieu est un petit tigre, l'Attila des pucerons, des cochenilles et autres insectes malfaisants.

Regardez bien celle qui est sur votre doigt : elle est rouge, en général, parfois jaune, et porte des points noirs sur ses élytres, qui sont, en somme, des étuis sous lesquels se cachent ses ailes. Comptez les points : il y en a deux, sept, dix, ou vingt-deux. Dans les trois premiers cas, tout va bien : c'est une honnête bête à bon Dieu. Si vous comptez vingt-deux points, c'est une autre histoire, que je vous expliquerai tout à l'heure.

En hiver, elles disparaissent. Migration ? Non : cachette. Les coccinelles s'entassent, par centaines, sous les morceaux d'écorce lâche, dans les bois des poteaux, des portiques, parfois même dans nos maisons. Elles hivernent.

Arrive le printemps, ces dames vont pondre, chacune cent à deux cents œufs, par petits tas, qu'elles iront déposer très soigneusement à tel ou tel endroit. C'est là qu'il faut être très attentif si l'on veut sauver ses rosiers des pucerons. Si vous voyez, au revers d'une feuille, un petit paquet d'œufs minuscules, jaune d'or, en forme de ballon de rugby un peu trop pointu des deux bouts, n'y touchez pas. Une coccinelle les a mis là exprès. Parce qu'elle sait que, dans le coin, il y a des pucerons.

Surveillez bien les œufs. Dans quatre ou cinq jours, ils vont virer au gris, puis écloront. En sortiront des larves velues qui, pendant trois semaines, voraces comme personne, vont faire un ravage de pucerons. Puis ces larves deviendront nymphes en s'accrochant à une feuille, se transformeront en coccinelle parfaite et reprendront l'extermination du puceron. Elles se reproduiront, dans un mois ou un mois et demi, tout recommencera, les pucerons seront de plus en plus dévorés, et vos rosiers survivront.

Elles mangent aussi la cochenille, qui fait tant de mal aux arbres fruitiers, et beaucoup d'autres insectes nuisibles. Tout récemment encore, les palmiers de Mauritanie crevaient à cause d'une sale petite bête qui mangeait leurs feuilles. On a importé

quelques milliers de coccinelles et les palmiers ont
été sauvés.

Une seule exception : la coccinelle à vingt-deux
points. Celle-là ne mange ni puceron ni cochenille,
mais elle broute le trèfle. Et elle existe chez nous.
C'est la seule que vous ayez le droit de tuer.

La dernière histoire

Un jour, le raconteur d'histoires mourut. Ses amis rayèrent une ligne sur leurs carnets d'adresses et l'oublièrent. Mais son âme cheminait dans l'espace. Si bien qu'elle arriva au fameux carrefour, avec ses deux poteaux indicateurs. D'un côté « Enfer », de l'autre « Paradis ».

Le vieux raconteur d'histoires hésitait : Le Paradis ? Bien sûr, il doit y avoir un monde fou, là-dedans, mais plein de gens sérieux... L'Enfer ? Évidemment, c'est chauffé, mais ça doit être d'un snob... Et le vieux raconteur d'histoires n'arrivait pas à se décider quand il aperçut, dans un coin, un tout petit chemin sans poteau indicateur, qui s'enfonçait on ne sait où. Il le prit, arriva à une immense vallée où il y avait une foule d'animaux. C'était le Paradis des bêtes.

Alors le vieux raconteur d'histoires s'assit et il commença à raconter aux animaux... des histoires d'hommes.

Table des matières